水电厂运行值班技能培训手册

孙勇　主编

U0238192

中国水利水电出版社
www.waterpub.com.cn

·北京·

内 容 提 要

全书共分九章。第一章介绍了国内外能源电力行业现状和国内水电厂主要的运行管理模式；第二章介绍了与运行岗位相关的安全基础知识；第三章介绍了运行值班的专业基础知识；第四章介绍了水电厂常用的几种系统图；第五章介绍了主辅设备的巡检知识；第六章介绍了常见作业的分解表；第七章介绍了倒闸操作相关知识，对常见倒闸操作案例进行了解析；第八章介绍了检修流程图及执行卡，从运行管理角度介绍了设备检修管理的相关知识；第九章介绍了职业性格测试及教学对策分析。

本书可作为水电厂运行值班人员学习和培训的教材使用，也可供水力发电企业相关管理人员查阅、使用，还可以供大中专院校相关专业师生学习、参考。

图书在版编目（CIP）数据

水电厂运行值班技能培训手册 / 孙勇主编. —— 北京：中国水利水电出版社，2018.12
ISBN 978-7-5170-7194-5

Ⅰ．①水… Ⅱ．①孙… Ⅲ．①水力发电站—电力系统运行—手册 Ⅳ．①TV737-62

中国版本图书馆CIP数据核字 (2018) 第281883号

书　　名	水电厂运行值班技能培训手册 SHUIDIANCHANG YUNXING ZHIBAN JINENG PEIXUN SHOUCE
作　　者	孙勇　主编
出版发行	中国水利水电出版社 （北京市海淀区玉渊潭南路1号D座　100038） 网址：www.waterpub.com.cn E-mail：sales@waterpub.com.cn 电话：（010）68367658（营销中心）
经　　售	北京科水图书销售中心（零售） 电话：（010）88383994、63202643、68545874 全国各地新华书店和相关出版物销售网点
排　　版	中国水利水电出版社微机排版中心
印　　刷	天津嘉恒印务有限公司
规　　格	170mm×230mm　16开本　15.5印张　287千字
版　　次	2018年12月第1版　2018年12月第1次印刷
印　　数	0001—1500册
定　　价	**89.00元**

《水电厂运行值班技能培训手册》编委会

顾　　问：刘承立　金　彪　黄忠初　覃　辉　王小君　张泽玉

主　　任：周建平

副 主 任：袁　兵　张志猛　涂圣勤　甘魁元　魏毓敏

委　　员：康　烽　杨继业　聂志立　程泽斌　刘小兵　刘　辉

　　　　　李　亮　胡冠州　王　彬　何洪波　章　亮　谭　勇

　　　　　孙　勇　皮清华　张国超　金文霞

主　　编：孙　勇

副 主 编：张　衡　王文鹏　颜　铭　赵世麒　杨玉生

编写人员：雷若逍　沈同科　董　峰　杜龙飞　胡鹏飞　刘玉洁

　　　　　陈彩虹　王薇薇

序

　　水电厂运行值班岗位专业涉及面广、任务重，担负着电厂设备巡检、倒闸操作、两票办理、检修管理、运行分析和事故处理等一系列职责，既是保障电厂安全的基石，也是安全生产的最后一道防线，伴随着我国水电事业的蓬勃发展和新设备的大量投运，对水电厂运行值班人员提出了更高的要求。水电厂运行值班岗位作为一个知识密集型的岗位，运行人员不但要熟悉电厂设备的专业基础知识，同时要掌握各类设备的相关实际操作技能，只有这样，才能有效地保障水电厂设备安全运行，满足行业不断发展的要求。因此，运行人员业务技能培训越来越受到企业的重视。

　　湖北清江水电开发有限责任公司（简称"清江公司"）成立于1987年，主要负责清江流域各梯级水电工程的开发建设及电站建成后的经营管理。2007年12月变更为湖北能源集团股份有限公司全资子公司，2015年12月中国长江三峡集团控股湖北能源，清江公司并入央企系列。近年来，伴随着公司的快速发展，人才问题已经成为制约企业快速发展的瓶颈，为此，清江公司于2008年启动了"导师带徒"活动，该活动主要通过高水平的老员工传、帮、带来提高徒弟职业技能和业务水平，作为增强一线职工综合素质、弥补技能短板、优化企业微观管理水平的一项特色活动。

　　2012年，湖北能源集团为了进一步促进"导师带徒"活动科学规范和持续深入的开展，在集团系统组建了"模范导师工作室"，同年"孙勇创新工作室"获准成立。"孙勇创新工作室"属于技能培训型工作室，工作室自成立以来，围绕员工技能培训，进行了一系列积极的实践探索和研究，逐步形成一套较为完整的水电厂运行培训体系，已为企业培养了许多优秀青年人才。2016年工作室被湖北省总工会授予"湖北省职工（劳模）创新工作室"。

本书汇集孙勇和其他参编人员的大量一线工作经验以及培训研究实践成果，涵盖四个方面：国内外行业现状、安全基础知识、专业基础知识、培训实践研究，对水电厂运行值班人员的技能培训具有积极的借鉴意义。

周建平

2018 年 8 月

前　言

　　本书以水电厂员工技能培训为主线，结合水电厂运行值班岗位的工作职责，针对水电厂运行值班岗位所需的相关基础知识和操作技能，通过 OPL（单点教育训练）、TWI（作业分解表）、操作过程解析、检修流程图、MBTI（职业性格测试）及教学对策分析等多种方式讲述，突破单纯的知识罗列，力求提高可读性和实用性。

　　全书共分九章。第一章介绍了国内外能源电力行业现状和国内水电厂主要的运行管理模式；第二章介绍了与运行岗位相关的安全基础知识；第三章介绍了运行值班的专业基础知识；第四章介绍了水电厂常用的几种系统图；第五章介绍了主辅设备的巡检知识；第六章介绍了常见作业的分解表；第七章介绍了倒闸操作相关知识，对常见倒闸操作案例进行了解析；第八章介绍了检修流程图及执行卡，从运行管理角度介绍了设备检修管理的相关知识；第九章介绍了职业性格测试及教学对策分析。

　　本书在编写过程中，得到了湖北能源集团和清江公司各级领导的亲切关怀，以及"孙勇创新工作室"成员的大力支持，在此一并致谢。

　　由于作者经验不足、水平有限，本书中遗漏和不妥之处在所难免，诚望各位批评指正。

作者

2018 年 8 月

目　　录

序

前言

第一章　能源电力行业现状 ……………………………………… 1

第一节　国外主要能源电力企业 …………………………… 1

第二节　国内主要能源电力企业 …………………………… 8

第三节　国内水电厂主要运行管理模式 ………………… 20

第二章　安全基础知识 ………………………………………… 22

第一节　电力安全工作规程 ………………………………… 22

第二节　防止电力生产事故的二十五项重点要求 ……… 30

第三节　电网及电网调度管理 ……………………………… 31

第四节　手指口述安全确认法 ……………………………… 33

第三章　设备运行管理基础知识 ………………………… 37

第一节　水轮机系统 ………………………………………… 37

第二节　发电机系统 ………………………………………… 45

第三节　变压器系统 ………………………………………… 54

第四节　调速器系统 ………………………………………… 60

第五节　励磁系统 …………………………………………… 68

第六节　监控系统 …………………………………………… 74

第七节　继电保护系统 ……………………………………… 82

第八节　阀门 ………………………………………………… 98

第四章　常用系统图纸 ………………………………………… 106

第一节　电气主接线图 ……………………………………… 106

第二节　厂用电系统图 ……………………………………… 111

第三节　调速器液压系统图 ………………………………… 111

第四节　技术供水系统原理图 ……………………………… 115

第五节　气系统原理图 ……………………………………… 115

第五章　设备巡检及单点课程训练（OPL） ·································· 118

　第一节　电厂主辅设备巡检 ······································ 118

　第二节　单点课程训练（OPL） ·································· 127

第六章　TWI 知识及运行主要作业分解表 ························· 154

　第一节　TWI 基础知识 ··· 154

　第二节　运行主要作业分解表 ··································· 155

第七章　常见倒闸操作案例解析 ································· 170

　第一节　倒闸操作基本知识 ······································ 170

　第二节　操作状态令术语 ··· 173

　第三节　常见倒闸操作案例解析 ································· 179

第八章　检修流程图及执行卡 ··································· 218

　第一节　水轮发电机组检修概述 ································· 218

　第二节　水轮发电机组检修流程图 ······························ 220

　第三节　水轮发电机组检修流程执行卡 ·························· 222

第九章　职业性格测试（MBTI）及教学对策分析 ·············· 228

　第一节　职业性格测试（MBTI） ································ 228

　第二节　教学对策分析表 ··· 230

参考文献 ··· 235

第一章　能源电力行业现状

学习提示

内容：简要介绍国际和国内主要能源电力企业的基本情况和发展历程，国内水电厂主要运行管理模式。

重点：水电厂的运行管理模式。

要求：熟悉电厂运行管理，了解国内外能源电力企业的基本情况。

第一节　国外主要能源电力企业

一、法国电力公司（ÉLECTRICITÉ DE FRANCE）

法国电力公司（简称 EDF）成立于 1946 年 4 月，是负责全法国发、输、配电业务的国有企业，既是法国最大的电力企业，也是欧洲最大的能源公司之一，以及全球最大的核电运营企业。业务范围涵盖电力行业上下游的各环节，以及天然气和能源贸易及服务领域。截至 2017 年年底，EDF 集团装机容量约  14785 万 kW，其中核电占 53%、水电占 17%、火电占 24%、可再生能源占 6%。EDF 集团参股或控股电厂 513 座，2017 年发电量为 5807.95GW·h。

凭借 50 多年的能源开发经验，法国电力集团已经成为世界领先的电力公司之一。作为一家在核能、热能、水电和可再生能源方面具有世界级工业竞争力的大型企业，法国电力集团可以提供包括电力投资、工程设计以及电力管理与配送在内的一体化解决方案。

法国电力集团是世界能源市场上的主力之一，已经在欧洲、亚洲、拉美和非洲的 20 多个国家投资超过 110 亿欧元。法国电力集团拥有 3100 万国内客户和2000 多万海外客户，是全球范围内最大的供电服务商之一。为了更好地满足全球客户的需求，法国电力集团进行了公司治理结构现代化改组，将其业务整合成 7 个分支机构，其中亚太区总部设在北京。

该公司 2017 年营业收入为 787.39 亿美元，在 2017 年度《财富》杂志评出的世界 500 强公司中列第 82 位。

官方网站：www.edf.fr。

二、意大利国家电力公司（ENEL）

意大利电力工业早期主要由私营企业经营，1962 年后根据公共电业国有法政府接管了全国的私营电力公司，组建了国有的意大利国家电力公司，对发、输、配电采用垂直一体化管理体制，是意大利最大的发电供电商。意大利国家电力公司目前在意大利全国的客户数量有 3000 万户，占整个意大利的 87%。该公司还是欧洲唯一通过 ISO14001 认证的能源企业，旗下主要有电力和天然气两大业务分支。除此之外，意大利国家电力公司还有电力、能源设备制造，环保设备制造、研究开发，新型能源开发等公司和机构 20 多个。

近年来根据欧盟法规要求，意大利也正逐步开放本国电力市场，国家电力公司（ENEL）1992 年成为联合股份公司，随后抽资脱离形成了 3 个独立的发电公司，2000 年意大利国家电力调度中心（GRTN）正式运行。2002 年发电公司实行股份制改革，允许私人参股，虽然在意大利境内有多家发电公司，但主要还是由国家控股。

意大利国家电力公司在国外独资、合资以及参股的公司有 10 余家，主要分布在西班牙、斯洛伐克、罗马尼亚、保加利亚，在南美、北美设有清洁能源开发公司，同时与中国、美国等国家也有着密切的合作。

该公司 2017 年营业收入为 780.63 亿美元，在 2017 年度《财富》杂志评出的世界 500 强公司中列第 84 位。

官方网站：www.enel.com。

三、韩国电力公司（Korea Electric Power Corporation）

韩国电力公司成立于 1898 年 1 月 26 日，当时称汉城（Seoul）公司。韩国电力公司（KEPCO）是韩国唯一的电力公司，用韩文中的汉字表示为"韩国电力公社"。1961 年 7 月，3 个地区电力公司合并，成立了韩国电力公司。1981 年 7 月 1 日，韩国（Korea）、汉城（Seoul）、南韩（South Korea）三个电力公司合并为一个公司，更名为韩国电力有限公司（Korea Electric Company,

Ltd)。1982 年 1 月 1 日，该公司转化为国有公司，成为国有集团公司。此后一直稳步发展，成为一个公共事业企业。韩国电力公司主要业务与产品包含：电力及煤气供应，发电、输电、配电和相关业务的研究与开发，投资、建设和政府交给的其他项目。服务区域不仅覆盖整个韩国，还在北京、香港、巴黎、纽约等地设立了海外办公机构。韩国电力公社是世界能源理事会、世界核能协会和世界核电运营者协会的成员。

1989 年韩国为了将该企业发展成为一个良好的公共事业企业，公司 21% 的股本向社会出售，作为公司私民营化的第一步。1994 年 10 月，韩国电力公司股票在纽约股市上市。目前该公司主要以输电、配电与电力销售为主要业务，服务区域不仅覆盖整个韩国，还在北京、香港、巴黎、纽约等地设立了海外办公机构。

该公司 2017 年营业收入为 515 亿美元，在 2017 年度《财富》杂志评出的世界 500 强公司中列第 177 位。

官方网站：www.kepco.co.kr。

四、日本东京电力公司（Tokyo Electric Power Company）

东京电力公司成立于 1951 年，其前身"东京电灯"于 1883 年创立，是日本一家集发电、输电和配电于一体的大型电力企业。东京电力公司规模占日本全国电力行业的 $\frac{1}{3}$，电网主要覆盖东京都及周边 8 县，承担了日本近 $\frac{1}{6}$ 的电力供应份额。截至 2015 年，东京电力公司在 60 多年的时间里已建设了 196 座电厂，员工约 42000 人。20 世纪 70 年代，东京电力公司开始打造多元清洁的装机结构，截至 2016 年，东京电力公司电力装机以热电、水电、核电为主，占总装机比例超过 96%，可再生能源约占 4%。

东京电力公司也是全球最大的民营核电商，在核能占全国电力供应份额超过 $\frac{1}{3}$ 的日本，东京电力公司的核电厂供应了全国一半的核能发电量。公开资料显示，东京电力公司拥有 3 座核电站、17 台核电机组，装机容量约 1731 万 kW。除了在福岛的两座核电站外，还有柏崎刈羽核电站。三座核电站在全球都相当知名，福岛第一与第二核电站统称福岛核电站，共 10 台机组，是世界上规模最大的核电站；位于新潟县的柏崎刈羽核电站，则是世界上发电量最大的核电站。

由于受到 2011 年地震和海啸引发的福岛核泄漏事故影响，东京电力的福岛第一核电站 1～4 号机组已经报废。2014 年 4 月，东京电力成立的福岛第一净化退役工程公司专门处理福岛第一核电站退役工作，以便尽快恢复福岛环境和振兴福岛地方工业。2016 年 4 月，东京电力公司改组设立三个独立的分支机构，分别负责燃料和火力发电、通用输变电、配电和电力零售，从而转变为控股公司系统。东京电力控股公司负责公司的核电业务（包括福岛振兴总部的运营和退役），还包括水电和可再生能源发电业务，以及集团企业管理、研发和一般管理。东京电力燃料和电力公司负责燃料和火力发电，管理着从能源资源（上游燃料）开发到发电的整个供应链。东京电力电网公司负责一般的输配电，通过输配电网络，提供稳定的电力供应，是日本社会重要的能源企业。而且，东京电力能源合作伙伴不仅仅是电力零售商，同时也向客户提供了最有效的能源利用方式。

此外，作为一家大型集团企业，东电还拥有若干子公司，业务范围涉及设备维护、燃料供应、设备材料供应、环保、不动产、运输、信息通信等行业。

该公司 2017 年营业收入为 494.46 亿美元，在 2017 年度《财富》杂志评出的世界 500 强公司中列第 185 位。

官方网站：www.tepco.co.jp。

五、南苏格兰电力公司（SSE）

南苏格兰电力公司成立于 1998 年，由苏格兰水电和南部电力合并而来，但它的历史可以追溯得更远，1943 年苏格兰水电就开始了水电开发事业。南苏格兰电力公司目前是英国最大的能源公司之一，也是英国第二大电力供应商，总部位于英国珀斯市，主要从事能源贸易、天然气销售以及电气和公共设施承包业务，为工业、商业和家庭客户提供发电、传输、配电和供电服务。南苏格兰电力公司也是伦敦证券交易所唯一一家业务涵盖如此广泛的能源企业。

为了持续不断的发展，南苏格兰电力公司每年投资英国能源基础设施约 15 亿英镑，其投资涵盖整个能源相关行业，员工约 20000 人，企业核心价值观是实现可持续的发展理念，强调安全、服务、高效、可持续、卓越和团队精神。自 2008 年以来，公司在包括热力发电的可再生能源和电力网络上的投资已累计达 80 亿英镑，为此，其净债务已经从 2008 年的 37 亿英镑增加到现在的 78 亿英镑。这也得到了股东和投资者的支持，南苏格兰电力公司目前拥有超过 2200MW 的可再生能源产能。南苏格兰电力公司还领导了英国很多电力改革创新，例如第一家引进客户服务保证机制、通过倡导电力交易所制度使得客户与发电企业更容易交易等。

该公司 2017 年营业收入为 378.79 亿美元，在 2017 年度《财富》杂志评出的世界 500 强公司中列第 269 位。

官方网站：www. sse. com。

六、美国爱克斯龙电力公司（Exelon）

美国爱克斯龙电力公司成立于 2000 年，是由芝加哥的电力公司（Unicom）与费城的电力公司（Peco）合并而成的。爱克斯龙电力公司是一家公用事业服务公司，在美国从事能源生产及输送业务。公司拥有各式的发电设备，包

括核能发电设备、化石燃料发电设备、水力发电设备、风力发电设备、太阳能发电设备。此外，也提供再生能源及其他能源相关产品及服务，以及天然气石油探勘生产业务。

爱克斯龙公司向零售客户提供电力收购、调节、输电、配电等服务，服务地区包括伊利诺伊州北部、宾州东南部、马里兰州中部等；同时还向零售客户提供天然气收购、调节、配送等服务，服务地区包括宾州费城的周边各县、马里兰州中部、巴尔的摩市等。爱克斯龙服务对象包括配电公司、直辖市、合作社、金融机构、商业机构、工业机构、政府、住宅用户等。爱克斯龙电力公司也是美国最大的核电力公司，拥有 10 个发电厂，占美国核电力发电量的 20%，公司现拥有 17 座核电设备，是世界上第三大核电企业。

2005 年，爱克斯龙电力公司花费 120 亿美元购买美国公用事业公司集团，两家公司的合并将形成美国最大的电力公司。收购后，爱克斯龙公司可以将其业务扩展到美国东北地区，该地区是全美最大的电力消费市场。新成立的公司将取名为爱克斯龙电力燃气公司（Exelon Electric & Gas），将为伊利诺伊州、宾夕法尼亚州和新泽西州的 700 万用户提供电力服务，并为这些州的 200 万用户提供燃气服务。合并后，公司年收入将超过 260 亿美元，员工人数达到 2.5 万人。

该公司 2017 年营业收入为 313.60 亿美元，在 2017 年度《财富》杂志评出的世界 500 强公司中列第 344 位。

官方网站：www. exeloncorp. com。

七、日本关西电力公司（Kansai Electric Power）

日本关西电力集团成立于 1951 年，是日本最大的能源公司之一，主营业务涵盖电力、供热、供气及通信等。日本关西电力于 1957 年为研究开发原子能发电，设立原子能部，1961 年鸣门海峡横渡送电成功，1981 年最先把 TQC 导入

电力业，2000 年修改电气事业法，开始电力的零售市场自由化。截至 2017 年 3 月，关西电力公司拥有 170 座发电厂，总装机约为 36.57GW，其中 12 家火电厂，3 家核电厂，152 家水电厂，3 家新能源电厂。

关西电力集团下设许多分支集团，包括与能源相关的集团、信息技术集团、生命周期集团、商业支持集团、其他商业集团等，共计有 65 个合并子公司，员工约 21000 人。由于日本电力零售市场的开放，关西电力公司非常重视客户和社区服务，2000 年 3 月，关西电力公司进行了部分电力零售市场的变革，为顾客提供专门的电子服务，大约占了公司全部发电量的 30%。

从公司成立开始，关西电力公司非常重视提供高质量的电力供应，对当地的发展起到了重要推动作用，关西电力公司对日本全国范围的公共事业也很关注，积极提供能源安全保证、全球环境问题的服务，公司的核能发电量大约占到了全部发电量的 50%。近些年，关西电力集团在信息、电信和房地产等领域也在不断扩展。同时，关西电力也很注重国际业务的拓展，从 1998 年开始，不断在亚洲、澳大利亚和北美扩展电力业务，并积极开展国际咨询业务，包括总体能源规划开发和电力基础设施咨询等。

该公司 2017 年营业收入为 277.91 亿美元，在 2017 年度《财富》杂志评出的世界 500 强公司中列第 389 位。

官方网站：www.kepco.co.jp。

八、英国国家电网公司（National Grid）

新的英国国家电网公司成立于 2002 年，是一家电力和能源供应公司，是由英国能源商 National Grid 公司和 Lattice 公司以同样的份额合并创建的，主要业务包括电力传输、气体生产和传输，美国输电业务和气体分销、无线基础设施，拥有英国最大的天然气传输业务，是英国最大的公用事业公司，在英国和美国东北部均有相关业务。

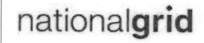

合并前 Lattice 公司曾经是英国天然气公司的一部分，在英国主要经营天然气运输系统，而英国国家电力供应公司 National Grid 是一家国际能源输送公司，主要业务是在电力和天然气行业。新的英国国家电网公司将依赖两个公司的力量在英国和美国市场上进一步推动商业运行，在英格兰和威尔士拥有和经营高压电的输送网络以及在英国天然气运输系统。在美国是前十家电力公司之一，在新英格兰/纽约地区拥有最大的输电和配电网络。

目前，在英国公司为全国提供天然气和电力输送，使得英格兰和威尔士之间的电力输送可靠性一致保持在 99% 以上；在美国东北部，公司为超过 700 万的客户提供天然气和电力输送业务；在马萨诸塞州、纽约、罗得岛等地，公司约为 340 万客户提供电力，公司也是在美国东北部最大的天然气分销商，有大约 360 万客户。

该公司 2017 年营业收入为 220.35 亿美元，在 2017 年度《财富》杂志评出的世界 500 强公司中列第 491 位。

官方网站：www.nationalgrid.com。

九、美国杜克能源公司（Duke Energy）

美国杜克能源公司的历史最早可以追溯到 1899 年，James Buchanan Duke

（1856—1925）创立了美国发展公司，现代公司的雏形形成于 1983 年。该公司是全美最大的能源公司之一，主要业务包括电力供应、能源服务、能源运输、风险投资，除此之外杜克能源公司还涉及通信和不动产行业。

2005 年杜克公司以价值 90 亿美元的股票，通过换股交易计划实现收购辛辛那提能源公司（Cinergy），从而成为美国最大的能源公司。合并后的新公司拥有 540 万个电力及天然气零售用户，资产超过 700 亿美元，在美国、加拿大和拉丁美洲等地总共拥有 5.4 万 MW 的发电能力。在天然气方面，杜克能源公司拥有 17500mile 的传输管道，2500 亿 m^3 的天然气存储量。

杜克能源公司在国内的服务区涉及五个州，即南、北卡罗来纳州，俄亥俄州，印第纳州和肯塔基州。同时，公司实行国际化运作，业务已经扩展到了中、南美国家，包括阿根廷、玻利维亚、巴西、厄瓜多尔、萨尔瓦多、危地马拉、墨西哥和秘鲁等。

该公司 2017 年营业收入为 233.69 亿美元，在 2017 年度《财富》杂志评出的美国 500 强公司中列第 121 位。

官方网站：www.duke-energy.com。

十、俄罗斯统一电力系统股份公司（UES of Russia）

俄罗斯统一电力系统股份公司是俄罗斯最大的能源公司，负责俄罗斯整个国家电网的运行和发展。该公司直接拥有俄罗斯国家电网（Unified Energy System of Russia，UESR），包括 220 kV 及以上电压等级的高压网络和 8 座发电厂，其中 5 座租给了地方发电公司。

俄罗斯统一电力公司拥有 100 万 kW 以上的火电厂、30 万 kW 以上的水电厂以及地区联合电网之间联络线 100％的股份，还拥有地区电力公司51％的股份（这种地区级的股份公司全国有 71 个）。其中，电力系统的科研单位、设计单位和建设单位，还有大区的调度所也 100％属于俄罗斯统一电力公司。

公司旗下的俄罗斯统一电力系统由大区联合电网组成，全俄统一电力系统由大区联合电网组成，有西北电网、中部电网、北高加索电网、中伏尔加电网、乌拉尔电网、西伯利亚电网，远东尚未与全国联网，其地区联合电网之间联络线的输送能力很薄弱。

俄罗斯统一电力系统采取分级调度结构，分为中央调度局、联合电网调度所和地区电网调度所三级。中央调度局除管辖下属电网之外，还管辖装机容量100 万 kW 以上的直调电厂以及调度联合电网之间的联络线；下一级为联合电网调度所。联合电网有其所属的容量为 30 万 kW 以上的直调电厂，调度地区电网间的联络线和直属电厂；再下一级为地区电网调度所，调度地区内的电厂；最下一级为发电厂和配电网的调度所。

官方网站：www.interrao.ru。

第二节 国内主要能源电力企业

一、中国华能集团公司

中国华能集团公司是经国务院批准，在原中国华能集团公司基础上改组的国有企业，由中央管理，是经国务院批准同意进行国家授权投资的机构和国家控股公司的试点。按照国务院关于国家电力体制改革的要求，中国华

能集团公司是自主经营、自负盈亏，以经营电力产业为主，综合发展的企业法人实体。

华能集团公司注册资本 200 亿元人民币，主营业务为：电源开发、投资、建设、经营和管理，电力（热力）生产和销售，金融、煤炭、交通运输、新能源、环保相关产业及产品的开发、投资、建设、生产、销售，实业投资经营及管理。

华能集团公司从 1985 年创立至今，在 30 多年的发展历程中，为电力工业的改革、发展和技术进步提供了丰富经验；为电力企业提高管理水平、提高经济效益发挥了示范作用；为满足经济与社会发展的用电需求、实现国有资产的保值增值做出了重大贡献。

华能集团公司致力于建设具有国际竞争力的大企业集团。截至 2016 年年底，公司境内外全资及控股电厂装机容量达到 1.6554 亿 kW，发电装机容量世界第一，为电力主业发展服务的煤炭、金融、科技研发、交通运输等产业初具规模，公司在中国发电企业中率先进入世界企业 500 强，2016 年排名第 217 位。

该公司 2017 年营业收入为 375.42 亿美元，在 2017 年度《财富》杂志评出的世界 500 强公司中列第 274 位。

官方网站：www.chng.com.cn。

二、中国大唐集团公司

中国大唐集团公司是 2002 年 12 月 29 日在原国家电力公司部分企事业单位基础上组建而成的特大型发电企业集团，是中央直接管理的国有独资公司，是国务院批准的国家授权投资的

机构和国家控股公司试点，注册资本金为人民币 180.09 亿元。主要经营范围为：经营集团公司及有关企业中由国家投资形成并由集团公司拥有的全部国有资产；从事电力能源的开发、投资、建设、经营和管理；组织电力（热力）生产和销售；电力设备制造、设备检修与调试；电力技术开发、咨询；电力工程、电力环保工程承包与咨询；新能源开发；与电力有关的煤炭资源开发生产；自营和代理各类商品及技术的进出口；承包境外工程和境内国际招标工程；上述境外工程所需的设备、材料出口；对外派遣实施上述境外工程所需的劳务人员。

中国大唐集团公司实施以集团公司、分（子）公司、基层企业三级责任主体为基础的集团化管理体制和运行模式。集团公司相继成立了大唐河北发电有限公司、大唐吉林发电有限公司、大唐黑龙江发电有限公司、大唐江苏发电有限公司、大唐安徽发电有限公司、大唐山东发电有限公司、大唐河南发电有限公司、大唐四川发电有限公司、大唐贵州发电有限公司、大唐云南发电有限公司、大唐陕西发电有限公司、大唐甘肃发电有限公司、大唐新疆发电有限公司 13 个省发电公司，成立了湖南分公司、广西分公司、山西分公司、西藏分公司、上海分公司、宁夏分公司 6 个分支机构和大唐电力燃料有限

公司等专业公司。

中国大唐集团公司拥有 5 家上市公司，分别是首家在伦敦上市的中国企业、首家在香港上市的电力企业——大唐国际发电股份有限公司；较早在国内上市的大唐华银电力股份有限公司和广西桂冠电力股份有限公司，在香港上市的中国大唐集团新能源股份有限公司，以及大唐环境产业集团股份有限公司。集团公司拥有国内在役最大火力发电厂——内蒙古大唐国际托克托发电公司和世界最大在役风电场——内蒙古赤峰赛罕坝风电场；拥有我国已建成投产发电的最大水电站之一的大唐龙滩水电站以及物流网络覆盖全国的中国水利电力物资有限公司等。截至 2015 年年底，中国大唐集团公司在役及在建资产分布在全国 31 个省（直辖市、自治区）以及境外的缅甸、柬埔寨、老挝等国家和地区，资产总额达到 7295.47 亿元，员工总数逾 10 万人，发电装机规模达到 12717.06 万 kW。自 2010 年起，集团公司连续 6 年入选世界 500 强。

该公司 2017 年营业收入为 238.71 亿美元，在 2017 年度《财富》杂志评出的世界 500 强公司中列第 454 位。

官方网站：www.china‑cdt.com。

三、中国华电集团公司

中国华电集团公司简称中国华电，成立于 2002 年 12 月 29 日，注册资本

120 亿元人民币，是国家电力体制改革组建的五家国有独资发电企业集团之一，属于国资委监管的特大型中央企业，经国务院同意进行国家授权投资的机构和国家控股公司的试点单位。

主营业务为：电力生产、热力生产和供应，与电力相关的煤炭等一次能源开发以及相关专业技术服务。近年来，公司深入贯彻落实党中央、国务院各项决策部署和国家能源战略，加快结构调整，着力提质增效，深化改革创新，加强党的建设，综合实力不断增强，行业地位明显提升。

截至 2016 年，中国华电装机容量 14281 万 kW；资产总额 7883 亿元人民币；发电量超过 4919 亿 kW·h。控股业绩优良的华电国际电力股份有限公司、华电能源股份有限公司、贵州黔源电力股份公司、国电南京自动化股份有限公司等上市公司；控股规划装机容量 2115 万 kW 的云南金沙江中游水电开发有限公司和规划装机容量 800 万 kW 的乌江水电开发有限责任公司；积极开发建设风电、核电、生物质能、太阳能等清洁能源；拥有全球首台百万千瓦超超临界

空冷机组和国内单机容量最大、国产化程度最高的百万千瓦超超临界湿冷机组，国内首批 60 万 kW 级脱硝机组、单机容量最大的 39 万 kW 天然气发电机组、单机容量最大的分布式能源机组。拥有我国电力企业自主开发建设和管理的第一座千万吨级特大型煤矿——华电内蒙古蒙泰不连沟煤矿，投产和正在规划建设隆德、肖家洼、小纪汗等一批特大型现代化煤矿和曹妃甸、可门、莱州、句容等多个大型煤炭码头。拥有管理总资产超过千亿元的资本控股、财务公司、华鑫信托、川财证券、华信保险（保险经纪、保险公估）等五家金融机构。在工程技术领域拥有在国内具有传统优势和重要影响力的华电工程和国电南自公司。

该公司 2017 年营业收入为 282.04 亿美元，在 2017 年度《财富》杂志评出的世界 500 强公司中列第 382 位。

官方网站：www.chd.com.cn。

四、中国国电集团公司

中国国电集团公司是经国务院批准，于 2002 年 12 月 29 日成立的以发电为主的综合性电力集团公司。主要从事电源的开发、投资、建设、经营和管理，组织电力（热力）生产和销

售；从事煤炭、发电设施、新能源、交通、高新技术、环保产业、技术服务、信息咨询等电力业务相关的投资、建设、经营和管理；从事国内外投融资业务，自主开展外贸流通经营、国际合作、对外工程承包和对外劳务合作等业务。2010 年，公司入选世界 500 强企业。2016 年，位列世界 500 强第 345 位。

中国国电集团公司按照能源"四个革命、一个合作"的总要求，认真贯彻"五大发展理念"，大力实施"一五五"战略，坚持绿色低碳发展，产业布局和电源结构持续优化，盈利能力和抗风险能力大幅提升，综合实力显著增强。在国资委第一任期至第四任期考核和 2006—2007、2009—2015 年考核中荣获十三个"A"级。

截至 2016 年 12 月底，公司可控装机容量 1.43 亿 kW，资产总额达到 8031 亿元，产业遍布全国 31 个省（直辖市、自治区）。煤炭产量达到 5872 万 t。新能源发展独具特色，风电装机容量近 2583 万 kW，位居世界第一。以节能环保及装备制造为主的高科技产业在发电行业处于领先地位，累计承担国家科技支撑计划、863、973 等国家级科研项目 24 个，拥有专利 2209 项，被命名为国家"创新型企业"。

中国国电集团公司全体干部员工正牢牢把握"稳中求进、稳中求优"的原

则，扎实做好"做强主业、转型升级，深化改革、完善机制，强化管理、提高质量，优化资产、防范风险，加强党建、创建和谐"五篇文章，全力打造效益国电、绿色国电、创新国电、廉洁国电、幸福国电，全面提升企业发展质量和效益，为开创一流综合性电力集团建设的新局面而努力奋斗。

2017年8月28日，经报国务院批准，中国国电集团公司与神华集团有限责任公司合并重组为国家能源投资集团有限责任公司。

该公司2017年营业收入为273.15亿美元，在2017年度《财富》杂志评出的世界500强公司中列第397位。

官方网站：www.cgdc.com.cn。

五、国家电力投资集团公司

国家电力投资集团公司（简称"国家电投"）成立于2015年6月，由原中国

电力投资集团公司与国家核电技术公司重组组建。国家电投以建设国有资本投资公司为方向，高标准、高起点规划建设新集团，努力做国企改革的先行者。

国家电投是中国五大发电集团之一，是一个以电为核心、一体化发展的综合性能源集团公司。电力总装机容量1.17亿kW，其中：火电7145.69万kW，水电2159.67万kW，核电447.52万kW，太阳能发电711.84万kW，风电1198.22万kW，在全部电力装机容量中清洁能源比重占42.9%，具有鲜明的清洁发展特色。年发电量3969亿kW·h，年供热量1.55亿GJ。拥有煤炭产能8010万t，电解铝产能248.5万t，铁路运营里程331km。

国家电投是我国三大核电开发建设运营商之一。拥有辽宁红沿河、山东海阳、山东荣成等多座在运或在建核电站，以及一批沿海和内陆厂址资源，是实施三代核电自主化的主体、载体和平台，以及大型先进压水堆国家科技重大专项的牵头实施单位，肩负着国家三代核电自主化、产业化、国际化的光荣使命，具备核电研发设计、工程建设、相关设备材料制造和运营管理的完整产业链和强大技术实力。

国家电投是世界500强企业。连续五年荣登榜单，2016年居第342位。公司注册资本金450亿元，资产总额8761亿元，员工总数14万人。拥有9家上市公司、公众挂牌公司，包括2家香港红筹股公司和5家国内A股公司。

国家电投是一家致力于全球业务的国际化公司。境外业务分布在日本、澳大利亚、马耳他、印度、土耳其、南非、巴基斯坦、巴西、缅甸等36个国家和地区，涉及电力项目投资、技术合作、工程承包建设等。投资运营项目可控装

机容量 126 万 kW，投资在建项目可控装机容量 1005 万 kW。

　　该公司 2017 年营业收入为 294.93 亿美元，在 2017 年度《财富》杂志评出的世界 500 强公司中列第 368 位。

　　官方网站：www.spic.com.cn。

六、国家电网公司

　　国家电网公司成立于 2002 年 12 月 29 日，是经国务院同意进行国家授权投资的机构和国家控股公司的试点单位，连续 12 年获评中央企业业绩考核 A 级企业，是全球最大的公用事业企业。

　　公司以建设运营电网为核心业务，是关系国民经济命脉和国家能源安全的特大型国有重点骨干企业，承担着保障更安全、更经济、更清洁、可持续的电力供应的基本使命。公司按集团公司模式运作，注册资金 5363 亿元，全口径用工总量 166.7 万人。公司经营区域覆盖 26 个省（自治区、直辖市），覆盖国土面积的 88% 以上，供电人口超过 11 亿人。公司稳健运营在菲律宾、巴西、葡萄牙、澳大利亚、意大利、希腊等国家的海外资产。

　　国家电网公司是中国最大的电网企业，前身为包括全国电网和所有发电厂的国家电力公司。2002 年，以"厂网分离"为标志的电力体制改革开始之后，从原国家电力公司中剥离出电力传输和配电等电网业务由国家电网公司运行和经营。各发电厂由 5 大发电集团（中国大唐集团公司、中国电力投资集团公司、中国国电集团公司、中国华电集团公司和中国华能集团公司）运行和经营。2002 年国务院发布《电力体制改革方案》（下称 5 号文），5 号文明确，设立华北（含山东）、东北（含内蒙古东部）、西北、华东（含福建）、华中（含重庆、四川）电网公司。同时，区域电网公司将区域内的现省级电力公司改组为分公司或子公司，负责经营当地相应的输配电业务。赋予了区域电网公司打破电力垄断及省际壁垒的使命。

　　按照 5 号文，区域电网公司和国家电网公司各自的职责划定也非常清晰。区域电网公司的主要职责是：经营管理电网，保证供电安全，规划区域电网发展，培育区域电力市场，管理电力调度交易中心，按市场规则进行电力调度。国家电网公司的主要职责是：负责各区域电网之间的电力交易和调度，处理区域电网公司日常生产中需网间协调的问题；参与投资、建设和经营相关的跨区域输变电和联网工程等。

随着 2004 年国家电网将特高压电网建设提上日程，原有的区域电网格局逐渐被打破。2009 年国家电网提出"三集五大"后，权力上收、资产下放。所谓"三集"是将人、财、物的管理权力向本部收拢、集中，"五大"是大运行、大检修、大营销、大建设、大规划。五大区域电网旗下主要输变电资产，特别是各超高压公司按属地化原则相继划转至省级电力公司。各大区域电网下属机构的信通公司（或信息公司）和规划评审中心，将划归省市公司。

2011 年起，国家电网加设了西北分部、华中分部、华东分部、东北分部，开始大刀阔斧地拆分四大区域电网。当年年底，华北电网有限公司也加设了华北分部。次年，最后一块区域电网华北电网被分拆为国家电网华北分部和冀北电力公司两部分。随着五大分部注册成为独立法人，加上电力调度资产转移至省市公司，五大区域电网逐渐失去独立市场主体地位，国家电网的"全国一张网"工程，也进一步得以巩固。

2011 年，按照国务院国有资产监督管理委员会的"主辅分离"方案，将国家电网公司、中国南方电网有限责任公司省级电网和区域电网企业所属的勘测设计、火电施工、水电施工和修造企业等辅业单位剥离建制，与 4 家中央电力设计施工企业重组为两家新公司。

国家电网公司和中国南方电网有限责任公司在北京市、天津市和山西省等15 个省、自治区和直辖市公司所属辅业单位和中国葛洲坝集团公司以及中国电力工程顾问集团公司重新组建为中国能源建设集团有限公司。

该公司 2017 年营业收入为 3151.98 亿美元，在 2017 年度《财富》杂志评出的世界 500 强公司中列第 2 位。

官方网站：www.sgcc.com.cn。

七、中国南方电网有限责任公司

根据国务院《电力体制改革方案》，中国南方电网公司于 2002 年 12 月 29 日

正式挂牌成立并开始运作。公司属中央管理，由国务院国资委履行出资人职责。公司供电区域为广东、广西、云南、贵州和海南五省（自治区），负责投资、建设和经营管理南方区域电网，经营相关的输配电业务，参与投资、建设和经营相关的跨区域输变电和联网工程；从事电力购销业务，负责电力交易与调度；从事国内外投融资业务；自主开展外贸流通经营、国际合作、对外工程承包和对外劳务合作等业务。

公司总部设有 22 个部门，下设总部后勤管理中心、年金中心 2 个直属机构，超高压公司、调峰调频公司、教育培训评价中心（公司党校、干部学院）3 家分公司；广东、广西、云南、贵州、海南电网公司，广州、深圳供电局、南网国际公司、鼎元资产公司、鼎信科技公司、南网物资公司、资本控股公司、南网经研院 13 家全资子公司；以及南网科研院、南网能源公司、南网财务公司、南网传媒公司、鼎和保险公司、广州电力交易中心 6 家控股子公司。职工总数 30 万人。

南方电网覆盖五省（自治区）、紧密联结港澳，并与周边国家和地区多点相连。供电面积 100 万 km²，供电人口 2.3 亿人，供电客户 7961 万户。2016 年全网统调最高负荷 1.47 亿 kW·h，同比增长 4.1%；全社会用电量 10012 亿 kW·h，增长 4.0%。

南方电网东西跨度近 2000km，网内拥有水、煤、核、抽水蓄能、油、气、风力等多种电源，截至 2016 年年底，全网总装机容量 2.95 亿 kW（其中火电 1.50 亿 kW、水电 1.13 亿 kW、核电 1285 万 kW、风电 1468 万 kW，分别占 50.8%、38.4%、4.4%、5.0%）；110kV 及以上变电容量 9.1 亿 kVA，输电线路总长度 21 万 km。2016 年年底全网非化石能源装机容量、发电量占比 49.7%、50.9%，高于全国平均水平。南方电网交直流混合运行，远距离、大容量、超高压输电，安全稳定特性复杂，驾驭难度大，科技含量高。公司在电网安全稳定与控制技术、电网经济运行技术、设备集成应用技术等方面取得了一批国际先进、拥有自主知识产权的科研成果，其中"高压直流输电工程成套设计自主化技术开发与工程实践"荣获 2011 年国家科技进步奖一等奖，标志着南方电网在超高压输电领域处于世界领先地位。南方电网是西电东送规模最大、社会综合效益最好、发展后劲最强的电网。目前西电东送已经形成"八条交流、九条直流"（500kV 天广交流四回，贵广交流四回；±500kV 天广直流、三广直流、金中直流各一回，溪洛渡送广东直流两回，贵广直流两回，±800kV 云广特高压直流、糯扎渡送广东特高压直流各一回）17 条 500kV 及以上大通道，送电规模超过 3950 万 kW。

南方电网是国内率先"走出去"的电网。作为国务院确定的大湄公河次区域电力合作中方执行单位，公司积极实施"走出去"战略，坚持立足周边、立足主业，加强与大湄公河次区域国家、港澳地区的电力合作。截至 2016 年年底，公司累计向越南送电 330 亿 kW·h，向老挝送电 11 亿 kW·h，从缅甸进口电量 139 亿 kW·h。2016 年，通过南方电网向香港的送电量占其用电量的 27%；向澳门的送电量占其用电量的 83%。

从 2003 年到 2016 年，公司售电量从 2575 亿 kW·h 增长到 8297 亿 kW·h，

年均增长 9.4%；营业收入从 1290 亿元增长到 4765 亿元，年均增长 10.6%；西电东送电量从 267 亿 kW·h 增长到 1953 亿 kW·h，年均增长 16.5%；资产总额从 2312 亿元增长到 6891 亿元，增长了 2 倍；累计实现利税 4511 亿元。全网 110kV 及以上变电容量从 2 亿 kVA 增长到 9.1 亿 kVA，线路长度从 7.3 万 km 增长到 21 万 km，分别增长了近 3.5 倍和 1.9 倍。公司连续 10 年在国务院国资委经营业绩考核中位列 A 级；连续 12 年入围全球 500 强企业，目前列第 95 位。

2017 年 1—4 月，南方五省区全社会用电量 3030 亿 kW·h，同比增长 6.3%，其中广东省 1610 亿 kW·h，增长 5.1%；广西壮族自治区 429 亿 kW·h，增长 3.8%；云南省 447 亿 kW·h，增长 8.0%；贵州省 437 亿 kW·h，增长 12.5%；海南省 88 亿 kW·h，增长 6.3%。

该公司 2017 年营业收入为 712.41 亿美元，在 2017 年度《财富》杂志评出的世界 500 强公司中列第 100 位。

官方网站：www.csg.cn。

八、中国长江三峡集团公司

1993 年 9 月 27 日，为建设三峡工程、开发治理长江，经国务院批准，中国长江三峡工程开发总公司正式成立，2009 年 9 月 27 日更名为中国长江三峡集团公司（以下简称三峡集团）。目前，三峡集团战略

定位为以大型水电开发与运营为主的清洁能源集团，主营业务包括水电工程建设与管理、电力生产、国际投资与工程承包、风电和太阳能等新能源开发、水资源综合开发与利用、相关专业技术咨询服务等方面。经过 20 多年的持续快速发展，三峡集团已经成为世界最大的水电开发企业和我国最大的清洁能源集团之一。

截至 2015 年年底，三峡集团可控装机规模 5955 万 kW，其中水电装机占全国水电的 16%；随着巴西朱比亚和伊利亚两电站（30 年特许经营权）资产于 2016 年 1 月 5 日完成交割，目前三峡集团可控装机规模已经达到 6454 万 kW，已建、在建和权益总装机超过 1.1 亿 kW，全部是清洁能源。截至 2015 年年底，三峡集团资产规模 5620 亿元，利润总额、归属母公司净利润、成本费用利润率、全员劳动生产率、人均利润、人均上缴国家利税等指标在央企中名列前茅。

三峡集团还积极开发风电、太阳能等新能源业务，努力将新能源业务作为集团第二主业进行打造，并致力于成为海上风电引领者。截至 2015 年年底，三

峡集团国内新能源投产装机已经超过 600 万 kW，国内新能源业务覆盖 30 个省（自治区、直辖市）。与此同时，三峡集团加快实施"走出去"步伐，努力打造中国水电"走出去"升级版。目前，三峡集团海外投资和承包业务覆盖欧洲、美洲、非洲、东南亚等 45 个国家和地区，海外可控装机超过 1100 万 kW，落实和跟踪资源超过 5000 万 kW，其中一半以上都分布在"一带一路"沿线国家。

2010 年，三峡集团设立董事会，并建立规范董事会制度。2012 年，国务院派驻监事会进驻三峡集团。在内部组织机构方面，目前三峡集团设有投资论证委员会、招标采购委员会、预算委员会、科学技术委员会、安全生产委员会、考核委员会等 6 个专业委员会；设有办公厅（党组办公室）、战略规划部（董事会与监事会办公室）、计划发展部、资产财务部、人力资源部、科技管理部（总师办公室）、环境保护部、质量安全部、企业管理部、法律事务部、市场营销部、审计部、党群工作部（工会工作部、直属党委办公室）、纪检监察部（党组纪检组办公室、巡视工作领导小组办公室）、宣传与品牌部、国际事务部、信息中心、招标采购管理中心等 18 个职能部门；设有三峡枢纽建设运行管理局、移民工作局等 2 个特设机构；设有机电工程局、三峡发展研究院等 2 个直属机构；设有西藏分公司、福建分公司 2 个分公司；共有 24 家全资和控股子公司、2 家控股上市公司。截至 2015 年年底，集团境内从业人员规模超过 2.2 万人，全口径境外从业人员规模超过 1.5 万人。其中，享受政府特殊津贴 100 人，中国工程院院士 2 人，国家级突出贡献专家 3 人。

在全资和控股子公司中，中国三峡建设管理有限公司是集团水电工程建设管理主体，定位为可以为客户提供项目规划、工程建设、工程咨询、专业技术服务等系统解决方案的工程建设管理和咨询公司；中国长江电力股份有限公司是集团控股上市公司，是集团电力生产运行主体，主要负责三峡－葛洲坝、溪洛渡－向家坝四座流域梯级电站的电力生产和运行管理；三峡国际能源投资集团有限公司是集团开展国际投资业务和国际承包业务的开发主体，是集团"走出去"和"海外三峡"战略的实施平台，对外代表集团开拓国际业务；中国三峡新能源有限公司是集团打造"风光三峡"和"海上风电引领者"战略的实施平台，主要从事国内风电和太阳能等新能源开发；湖北能源集团股份有限公司是三峡集团 2015 年新控股并表上市公司，主要负责湖北区域综合能源开发和湖北省能源供应保障；中国水利电力对外公司主要从事国际工程承包业务；三峡资本控股有限责任公司是集团从事资本运营和投资并购的实施主体，定位为集团财务性投资归口管理平台和新业务的孵化器；上海勘测设计研究院是以水利、水电、新能源、环境工程为主业的综合设计院，主要从事工程勘测、设计、咨询业务；三峡财务有限责任公司是专门服务于集团公司及其成员单位的非银行金融机构；三峡国际招标有限责任公司主要从事国际、国内招标代理与合同执行业务。

该公司 2016 年发电量为 2626 亿 kW·h，其中水电 93%，风电 3%，光伏发电 1%，其他类型 3%；90% 分布在国内，10% 分布在世界其他地方。

官方网站：www.ctg.com.cn。

九、神华集团有限责任公司

神华集团有限责任公司（简称神华集团公司）是于 1995 年 10 月经国务院批准设立的国有独资公司，属中央直管国有重要骨干企业，是以煤为基础，集电力、铁路、港口、航运、煤制油与煤化工为一体，产运销一条龙经营的特大型能源企业，是目前我国规模最大、现代化程度最高的煤炭企业和世界上最大的煤炭供应商。神华集团公司主要经营国务院授权范围内的国有资产，开发煤炭等资源性产品，进行电力、热力、港口、铁路、航运、煤制油、煤化工等行业领域的投资、管理；规划、组织、协调、管理神华集团所属企业在上述行业领域内的生产经营活动。总部设在北京。由神华集团独家发起成立的中国神华能源股份有限公司分别在香港、上海上市。截至 2015 年年底，神华集团公司共有全资和控股子公司 21 家，投入生产的煤矿 54 个，投运电厂总装机容量 7851 万 kW，拥有 2155km 的自营铁路、2.7 亿 t 吞吐能力的港口和煤码头以及拥有船舶 40 艘的航运公司，总资产 9314 亿元，在册员工 20.8 万人。2015 年，神华集团上下团结一心，积极主动适应经济新常态，紧紧围绕 "1245" 清洁能源发展战略，生产经营取得了难能可贵的成绩。完成自产商品煤量 4.01 亿 t、煤炭销量 4.85 亿 t、发电量 3171 亿 kW·h、自营铁路运量 3.64 亿 t、主要油品化工品 807 万 t、港口吞吐量 1.76 亿 t、货运装船量 6787 万 t，实现营业收入 2364 亿元、利润总额 318 亿元。国有资本保值增值率处于行业优秀水平，企业经济贡献率连续多年居全国煤炭行业第一，年利润总额在中央直管企业中名列前茅，安全生产多年来保持世界先进水平。

2017 年 8 月 28 日，经报国务院批准，中国国电集团公司与神华集团有限责任公司合并重组为国家能源投资集团有限责任公司。

该公司 2017 年营业收入为 373.21 亿美元，在 2017 年度《财富》杂志评出的世界 500 强公司中列第 276 位。

官方网站：www.shenhuagroup.com.cn。

十、中国核工业集团公司

中国核工业集团公司是经国务院批准组建的特大型国有独资企业，其前身

是二机部、核工业部、中国核工业总公司，由100多家企事业单位和科研院所组成。中国核工业集团公司是我国核电站的主要投资方和业主，是核电发展的技术开发主体、国内核电设计供应商和核燃料供应商，是重要的核电运行技术服务商，以及核仪器仪表和非标设备的专业供应商。

中国核工业集团公司是经国务院批准组建、中央直接管理的国有重要骨干企业，由100多家企事业单位和科研院所组成，现有员工约10万人，其中专业技术人才达3.6万人，中国科学院、工程院院士17人。

中国核工业集团公司作为国家核科技工业的主体，拥有完整的核科技工业体系，是国家战略核力量的核心和国家核能发展与核电建设的主力军，肩负着国防建设和国民经济与社会发展的双重历史使命。

中国核工业集团公司主要从事核军工、核电、核燃料循环、核技术应用、核环保工程等领域的科研开发、建设和生产经营，以及对外经济合作和进出口业务，是目前国内投运核电和在建核电的主要投资方、核电技术开发主体、最重要的核电设计及工程总承包商、核电运行技术服务商和核电站出口商，是国内核燃料循环专营供应商、核环保工程的专业力量和核技术应用的骨干。公司旗下核电有秦山核电、福清核电、三门核电等电厂。

中国核工业集团公司在新的历史阶段将传承核工业半个多世纪以来举世瞩目的"两弹一艇"和实现中国大陆核电"零的突破"的辉煌历程，秉持开放、包容、合作、共赢的经营理念，积极推进我国核电事业发展，不断提高核科技工业的整体水平和国际竞争力，努力实现核工业又好又快安全发展。

官方网站：www.cnnc.com.cn。

十一、中国广核集团有限公司

中国广核集团（简称中广核），原中国广东核电集团，是伴随我国改革开放和核电事业发展逐步成长壮大起来
的中央企业，由核心企业中国广核
集团有限公司及40多家主要成员
公司组成的国家特大型企业集团。

1994年9月，中国广东核电集团有限公司正式注册成立。2013年4月，中国广东核电集团更名为中国广核集团，中国广东核电集团有限公司同步更名为中国

广核集团有限公司。

中广核以"发展清洁能源，造福人类社会"为使命，以"成为国际一流的清洁能源企业"为愿景。截至 2017 年 2 月底，中广核拥有在运核电机组 19 台，装机容量 2038 万 kW；在建核电机组 9 台，装机 1136 万 kW；拥有风电控股装机容量达 1086 万 kW，太阳能光伏发电项目控股装机容量 189 万 kW，水电抽水蓄能在运权益装机容量 220 万 kW。此外，在分布式能源、核技术应用、节能技术服务等领域也取得了良好发展。

中广核自成立以来，以"安全第一，质量第一，追求卓越"为基本原则，坚持"一次把事情做好"的核心价值观，在成功建设大亚湾核电站的基础上，形成了"以核养核，滚动发展"的良性循环机制，建立了与国际接轨的、专业化的核电生产、工程建设、科技研发、核燃料供应保障体系。2005 年以来，集团进入风电、水电、太阳能、节能技术、核技术、金融业务、公共服务事业等新业务领域，拥有八个国家级研发中心和一个国家重点实验室，具备了在确保安全的基础上面向全国、跨地区、多基地同时建设和运营管理多个核电、风电、水电、太阳能及其他清洁能源项目的能力。

官方网站：www.cgnpc.com.cn。

第三节　国内水电厂主要运行管理模式

我国的水电事业相对于西方国家起步较晚，虽然中国第一座水电站石龙坝水电站于 1912 年投产，但真正意义上的水电事业大发展是从中华人民共和国成立后开始的。1960 年，中国第一座自行设计、自制设备、自己施工建造的水电站浙江新安江电站投产发电，经过几代人不断努力，我国已经成为名副其实的水电大国，水电装机居全球第一，现正在朝着水电强国不断迈进。

水电厂的运行管理模式，也伴随着水电厂技术设备、人员素质、管理理念等的进步而不断发展，大致分以下几个阶段。

第一阶段："多人值班"模式，时间大致是从 20 世纪 60 年代到 90 年代初。

受设备的自动化水平以及计算机技术发展水平所限，在较长一段时间，我国水电厂实际上是按照"有人值班"的要求指导工程设计和实际运行的。

"多人值班"是指除了电厂中央控制室外，在主机室等机电设备集中的场所也有值班人员，为此当时的电厂还存在具有一定监视设施的主机室机械值班室供现场值班人员使用。

第二阶段："无人值班"（少人值守）模式，时间大致是从 20 世纪 90 年代初至今。

20 世纪 90 年代初，国家电力行业主管部门提出了提高"双效"（工作效率、经济效益），改变电厂用人多、管理落后的局面，随后又发了 484 号文件，即《水电厂"无人值班"（少人值守）的若干规定》。484 号文件对水电厂"无人值班"（少人值守）的定义规定比较明确，即"指水电厂厂内不需要全厂 24h 内都有人值班，机组开、停、调相等工况转换操作，有功、无功功率调整以及运行监视等工作，由上级调度所（包括梯调以及网、省、地调等）或集中控制的值班人员及有关自动装置完成；但在厂内仍有少数全天 24h 都在的值守人员，负责现场看守和特殊处理以及上级临时命令交办的工作"。并先后在一些电厂开始试点，如浑江、葛洲坝二江、龚嘴、隔河岩电站等，通过不断地完善，取得了很大的成果，各项技术都趋于成熟，现在设计和投产的电厂基本都是按照"无人值班"（少人值守）模式运行的。

在这种模式下，各电厂根据实际情况，又探索了多种不同的现场管理方式，例如运行和维护相互独立的模式、运行和维护合一的模式。每种方式各有特点，运行、维护独立更有利于专业化的技术管理，如长江电力、清江流域电厂多采用此种方式，运维合一更有利于人员安排、节约员工成本，如大渡河流域电厂等。

第三阶段："无人值班"模式。

"无人值班"是指水电厂在全天 24h 内总有相当一段时间，厂内没有一个运行值班、值守人员。当然无人值班也和有人值班相同，定期巡视检查以及检修管理等值班任务仍然需要有人去做，只是定期（一般在白天）派员进厂完成，发生故障则临时派人前往处理。国外很多电力企业由于发展较早，设备可靠性较高以及不同管理理念，已经有较多应用，如法国电力公司下属的一些水电厂。在国内，一些电力企业也已在探索"无人值班"模式，如五凌电力公司。伴随着计算机技术的不断进步，设备可靠性也逐步提高，现场"无人值班"的运行管理模式必然是未来的发展方向，流域电厂也会逐步向"无人值班、流域集控"方向发展。

第二章 安全基础知识

学习提示

  内容：介绍电力安全工作规程的基本内容，电网及调度管理、手指口述法的基本概念和发展历程、实施方法及在运行值班中的应用。

  重点：电力安全工作规程（发电厂和变电站部分）。

  要求：掌握电力安全规程对电厂运行工作的基本要求，熟悉各类安全基本知识、电网及调度管理知识，了解手指口述安全确认法在运行工作中的应用。

第一节 电力安全工作规程

一、电力安全工作规程概述

  《电业安全工作规程》是燃料工业部于 1952 年 7 月颁布的；1955 年 3 月作了第一次修编；原水利电力部于 1977 年 12 月作了第二次修编；1991 年 3 月原能源部作了第三次修编，成为电力行业标准实施；2010 年按照国家标准化管理委员会计划，中国电力企业联合会组织进行了第四次修编，新标准于 2012 年 6 月全部实施。

  新的电力安全工作规程包括四个部分：发电厂和变电站电气部分、电力线路部分、高压试验室部分、热力和机械部分。

  发电厂和变电站电气部分具体内容有：①范围；②规范性引用文件；③术语和定义；④作业要求；⑤安全组织措施；⑥安全技术措施；⑦电气设备运行；⑧线路作业时发电厂和变电站的安全措施；⑨带点作业；⑩发电机和高压电动机的检修、维护；⑪在六氟化硫电气设备上的工作；⑫在低压配电装置和低压导线上的工作；⑬二次系统上的工作；⑭电气试验；⑮电力电缆工作；⑯其他安全要求。

  电力线路部分具体内容有：①范围；②规范性引用文件；③术语和定义；④作业要求；⑤安全组织措施；⑥安全技术措施；⑦线路运行与维护；⑧临近带点导线的工作；⑨线路作业；⑩配电设备上的工作；⑪带电作业；⑫电力电

缆工作。

高压试验室部分具体内容有：①范围；②规范性引用文件；③术语和定义；④基本安全要求；⑤安全管理措施；⑥安全技术措施；⑦高压试验工作的开始、间断与结束；⑧其他安全措施。

热力和机械部分具体内容有：①范围；②规范性引用文件；③总则；④工作票；⑤贮运煤设备的运行和检修；⑥燃油（气）设备的运行和检修；⑦锅炉和煤粉制造设备的运行和维护；⑧锅炉设备的检修；⑨环保设备运行与检修；⑩汽（水）轮机的运行与检修；⑪管道、容器的检修；⑫化学工作；⑬氢冷设备和制氢、储氢装置的运行与维护；⑭电焊与气焊；⑮高处作业；⑯起重和搬运；⑰土石方工作；⑱水银和潜水工作。

二、电力安全工作规程（发电厂和变电站部分）

GB 26860—2011《电力安全工作规程　发电厂和变电站部分》是水电厂安全运行必须遵守的基本标准，该标准规定了电力生产单位和电力生产场所工作人员的基本电气安全要求，其中安全组织措施和安全技术措施是运行值班保障安全的基础，因此本节重点介绍该标准。

（一）作业要求

1. 工作人员

经医师鉴定，无妨碍工作的病症（体格检查至少每两年一次）；具备必要的安全生产知识和技能，从事电气作业的人员应掌握触电急救等救护法；具备必要的电气知识和业务技能，熟悉电气设备及其系统。

2. 作业现场

作业现场的生产条件、安全设施、作业机具和安全工器具等应符合国家或行业标准规定的要求，安全工器具和劳动防护用品在使用前应确认合格、齐备；经常有人工作的场所及施工车辆上宜配备急救箱，存放急救用品，并指定专人检查、补充或更换。

3. 作业措施

在电气设备上工作应有保证安全的制度措施，可包含工作申请、工作布置、书面安全要求、工作许可、工作监护，以及工作间断、转移和终结等工作程序；在电气设备上进行全部停电或部分停电工作时，应向设备运行维护单位提出停电申请，由调度机构管辖的需事先向调度机构提出停电申请，同意后方可安排检修工作；在检修工作前应进行工作布置，明确工作地点、工作任务、工作负责人、作业环境、工作方案和书面安全要求，以及工作班成员的任务分工。

4. 其他要求

作业人员应被告知其作业现场存在的危险因素和防范措施；在发现直接危

及人身安全的紧急情况时，现场负责人有权停止作业并组织人员撤离作业现场。

（二）安全组织措施

1. 一般要求

安全组织措施作为保证安全的制度措施之一，包括工作票、工作的许可、监护、间断、转移和终结等。工作票签发人、工作负责人（监护人）、工作许可人、专责监护人和工作班成员在整个作业流程中应履行各自的安全职责；工作票是准许在电气设备上工作的书面安全要求之一，可包含编号、工作地点；除需填用工作票的工作外，其他可采用口头或电话命令方式。

2. 工作票种类

需要高压设备全部停电、部分停电或做安全措施的工作，填写电气第一种工作票；大于表2-1规定安全距离的相关场所和带电设备外壳上的工作以及不可能触及带电设备导电部分的工作，应填写电气第二种工作票；带电作业或与带电设备距离小于表2-1规定的安全距离但按带电作业方式开展的不停电工作，填写电气带电作业工作票；事故紧急抢修工作使用紧急抢修单或工作票，非连续进行的事故修复工作应使用工作票。

表 2-1   设备不停电时的安全距离

电压等级/kV	安全距离/m	电压等级/kV	安全距离/m
10 及以下	0.70	750	7.20
20、35	1.00	1000	8.70
66、110	1.50	±50 及以下	1.50
220	3.00	±500	6.00
330	4.00	±660	8.40
500	5.00	±800	9.30

注 1. 表中未列电压等级按高一档电压等级安全距离。

2. 13.8kV 执行 10kV 的安全距离。

3. 750kV 数据按海拔 2000m 校正，其他等级数据按海拔 1000m 校正。

3. 工作票的填用

（1）工作票应使用统一的票面格式。

（2）若以下设备同时停、送电，可填用一张电气第一种工作票：

1）属于同一电压等级、位于同一平面场所，工作中不会触及带电导体的几个电气连接部分。

2）一台变压器停电检修，其断路器也配合检修。

3）全站停电。

注意：交流系统中一个电气连接部分，是指可用隔离开关同其他电气装置分开的部分。

（3）同一变电站（包括发电厂升压站和换流站，以下同）内在几个电气连接部分上依次进行的同一电压等级、同一类型的不停电工作，可填用一张电气第二种工作票。

（4）在同一变电站内，依次进行的同一电压等级、同一类型的带电作业，可填用一张电气带电作业工作票。

（5）工作票由设备运行维护单位签发或由经设备运行维护单位审核合格并批准的其他单位签发。承发包工程中，工作票可实行双方签发形式。

（6）工作票一份交工作负责人，另一份交工作许可人。

（7）一个工作负责人不应同时执行两张及以上工作票。

（8）持线路工作票进入变电站进行架空线路、电缆等工作，应得到变电站工作许可人许可后方可开始工作。

（9）同时停送电的检修工作填用一张工作票，开工前完成工作票内的全部安全措施。如检修工作无法同时完成，剩余的检修工作应填用新的工作票。

（10）变更工作班成员或工作负责人时，应履行变更手续。

（11）在工作票停电范围内增加工作任务时，若无需变更安全措施范围，应由工作负责人征得工作票签发人和工作许可人同意，在原工作票上增填工作项目；若需变更或增设安全措施，应填用新的工作票。

（12）电气第一种工作票、电气第二种工作票和电气带电作业工作票的有效时间，以批准的检修计划工作时间为限，延期应办理手续。

4．工作票所列人员的安全责任

（1）工作票签发人：

1）确认工作必要性和安全性。

2）确认工作票上所填安全措施正确、完备。

3）确认所派工作负责人和工作班人员适当、充足。

（2）工作负责人（监护人）：

1）正确、安全地组织工作。

2）确认工作票所列安全措施正确、完备，符合现场实际条件，必要时予以补充。

3）工作前向工作班全体成员告知危险点，督促、监护工作班成员执行现场安全措施和技术措施。

（3）工作许可人：

1）确认工作票所列安全措施正确完备，符合现场条件。

2）确认工作现场布置的安全措施完善，确认检修设备无突然来电的危险。

3）对工作票所列内容有疑问，应向工作票签发人询问清楚，必要时应要求补充。

（4）专责监护人：

1）明确被监护人员和监护范围。

2）工作前对被监护人员交代安全措施，告知危险点和安全注意事项。

3）监督被监护人员执行本标准和现场安全措施，及时纠正不安全行为。

（5）工作班成员：

1）熟悉工作内容、工作流程，掌握安全措施，明确工作中的危险点，并履行确认手续。

2）遵守安全规章制度、技术规程和劳动纪律，执行安全规程和实施现场安全措施。

3）正确使用安全工器具和劳动防护用品。

5. 工作许可

（1）工作许可人在完成施工作业现场的安全措施后，还应完成以下手续：

1）会同工作负责人到现场再次检查所做的安全措施。

2）对工作负责人指明带电设备的位置和注意事项。

3）会同工作负责人在工作票上分别确认、签名。

（2）工作许可后，工作负责人、工作许可人任何一方不应擅自变更安全措施。

（3）带电作业工作负责人在带电作业工作开始前，应与设备运行维护单位或值班调度员联系并履行有关许可手续，带电作业结束后应及时汇报。

6. 工作监护

（1）工作许可后，工作负责人、专责监护人应向工作班成员交代工作内容和现场安全措施。工作班成员履行确认手续后方可开始工作。

（2）工作负责人、专责监护人应始终在工作现场，对工作班成员进行监护。工作负责人在全部停电时，可参加工作班工作；部分停电时，只有在安全措施可靠，人员集中在一个工作地点，不致误碰有电部分的情况下，方可参加工作。

（3）工作票签发人或工作负责人，应根据现场的安全条件、施工范围、工作需要等具体情况，增设专责监护人并确定被监护的人员。

7. 工作间断、转移和终结

（1）工作间断时，工作班成员应从工作现场撤出，所有安全措施保持不变。隔日复工时，应得到工作许可人的许可，且工作负责人应重新检查安全措施。

工作人员应在工作负责人或专责监护人的带领下进入工作地点。

（2）在工作间断期间，若有紧急需要，运行人员可在工作票未交回的情况下合闸送电，但应先通知工作负责人，在得到工作班全体人员已离开工作地点、可送电的答复，并采取必要措施后方可执行。

（3）检修工作结束以前，若需将设备试加工作电压，应按以下要求进行：

1）全体工作人员撤离工作地点。

2）收回该系统的所有工作票，拆除临时遮栏、接地线和标示牌，恢复常设遮栏。

3）应在工作负责人和运行人员全面检查无误后，由运行人员进行加压试验。

（4）在同一电气连接部分依次在几个工作地点转移工作时，工作负责人应向工作人员交代带电范围、安全措施和注意事项。

（5）全部工作完毕后，工作负责人应向运行人员交代所修项目状况、试验结果、发现的问题和未处理的问题等，并与运行人员共同检查设备状况、状态，在工作票上填明工作结束时间，经双方签名后表示工作票终结。

（6）除以上（2）给出的规定外，只有在同一停电系统的所有工作票都已终结，并得到值班调度员或运行值班员的许可指令后，方可合闸送电。

（三）安全技术措施

1. 一般要求

（1）在电气设备上工作，应有停电、验电、装设接地线、悬挂标示牌和装设遮栏（围栏）等保证安全的技术措施。

（2）在电气设备上工作，保证安全的技术措施由运行人员或有操作资格的人员执行。

（3）工作中所使用的绝缘安全工器具应满足相应的要求。

2. 停电

（1）符合下列情况之一的设备应停电：

1）检修设备。

2）与工作人员在工作中的距离小于表2-2规定的设备。

3）工作人员与35kV及以下设备的距离大于表2-2规定的安全距离，但小于表2-1规定的安全距离，同时又无绝缘隔板、安全遮栏等措施的设备。

4）带电部分邻近工作人员，且无可靠安全措施的设备。

5）其他需要停电的设备。

（2）停电设备的各端应有明显的断开点，或应有能反映设备运行状态的电气和机械等指示，不应在只经断路器断开电源的设备上工作。

（3）应断开停电设备各侧断路器、隔离开关的控制电源和合闸能源，闭锁隔离开关的操作机构。

（4）高压开关柜的手车开关应拉至"试验"或"检修"位置。

表 2 - 2 人员工作中与设备带电部分的安全距离

电压等级/kV	安全距离/m	电压等级/kV	安全距离/m
10 及以下	0.35	750	8.00
20、35	0.60	1000	9.50
66、110	1.50	±50 及以下	1.50
220	3.00	±500	6.80
330	4.00	±660	9.00
500	5.00	±800	10.10

注　1. 表中未列电压等级按高一档电压等级安全距离。

　　2. 13.8kV 执行 10kV 的安全距离。

　　3. 750kV 数据按海拔 2000m 校正，其他等级数据按海拔 1000m 校正。

3. 验电

（1）直接验电应使用相应电压等级的验电器在设备的接地处逐相验电。验电前，验电器应先在有电设备上确证验电器良好。在恶劣气象条件时，对户外设备及其他无法直接验电的设备，可间接验电。330kV 及以上的电气设备可采用间接验电方法进行验电。

（2）高压验电应戴绝缘手套，人体与被验电设备的距离应符合表 2 - 2 的安全距离要求。

4. 接地

（1）装设接地线不宜单人进行。

（2）人体不应碰触未接地的导线。

（3）当验明设备确无电压后，应立即将检修设备接地（装设接地线或合接地刀闸）并三相短路。电缆及电容器接地前应逐相充分放电，星形接线电容器的中性点应接地。

（4）可能送电至停电设备的各侧都应接地。

（5）装、拆接地线导体端应使用绝缘棒，人体不应碰触接地线。

（6）不应用缠绕的方法进行接地或短路。

（7）接地线采用三相短路式接地线，若使用分相式接地线时，应设置三相合一的接地端。

（8）成套接地线应由有透明护套的多股软铜线和专用线夹组成，接地线截面不应小于 25 mm²，并应满足装设地点短路电流的要求。

（9）装设接地线时，应先装接地端，后装接导体端，接地线应接触良好，连接可靠。拆除接地线的顺序与此相反。

（10）在配电装置上，接地线应装在该装置导电部分的适当部位。

（11）已装设接地线发生摆动，其与带电部分的距离不符合安全距离要求时，应采取相应措施。

（12）在门型构架的线路侧停电检修，如工作地点与所装接地线或接地刀闸的距离小于 10m，工作地点虽在接地线外侧，也可不另装接地线。

（13）在高压回路上工作，需要拆除部分接地线应征得运行人员或值班调度员的许可。工作完毕后立即恢复。

（14）因平行或邻近带电设备导致检修设备可能产生感应电压时，应加装接地线或使用个人保安线。

5．悬挂标示牌和装设遮栏

（1）在一经合闸即可送电到工作地点的隔离开关操作把手上，应悬挂"禁止合闸，有人工作！"或"禁止合闸，线路有人工作！"的标示牌。

（2）在计算机显示屏上操作的隔离开关操作处，应设置"禁止合闸，有人工作！"或"禁止合闸，线路有人工作！"的标记。

（3）部分停电的工作，工作人员与未停电设备安全距离不符合表 2-1 规定时应装设临时遮栏，其与带电部分的距离应符合表 2-2 的规定。临时遮栏应装设牢固，并悬挂"止步，高压危险！"的标示牌。35kV 及以下设备可用与带电部分直接接触的绝缘隔板代替临时遮栏。

（4）在室内高压设备上工作，应在工作地点两旁及对侧运行设备间隔的遮栏上和禁止通行的过道遮栏上悬挂"止步，高压危险！"的标示牌。

（5）高压开关柜内手车开关拉至"检修"位置时，隔离带电部位的挡板封闭后不应开启，并设置"止步，高压危险！"的标示牌。

（6）在室外高压设备上工作，应在工作地点四周装设遮拦，遮拦上悬挂适当数量朝向里面的"止步，高压危险！"标示牌，遮拦出入口要围至临近道路旁边，并设有"从此进出！"的标示牌。

（7）若室外只有个别地点设备带电，可在其四周装设全封闭遮栏，遮栏上悬挂适当数量朝向外面的"止步，高压危险！"标示牌。

（8）工作地点应设置"在此工作！"的标示牌。

（9）室外构架上工作，应在工作地点邻近带电部分的横梁上，悬挂"止步，高压危险！"的标示牌。在工作人员上下的铁架或梯子上，应悬挂"从此上下！"的标示牌。在邻近其他可能误登的带电构架上，应悬挂"禁止攀登，高压危险！"的标示牌。

（10）工作人员不应擅自移动或拆除遮栏、标示牌。

第二节　防止电力生产事故的二十五项重点要求

一、防止电力生产事故的二十五项重点要求

为了进一步加强电力审查安全风险预防控制，提高电力生产工作水平，有效防止电力生产事故的发生，国家能源局在原国家电力公司《防止电力生产重大事故的二十五项重点要求》的基础上，结合今年来电力企业防事故的工作实际，于 2014 年 4 月 15 日印发了《防止电力生产事故的二十五项重点要求》（国能安全〔2014〕16 号）。

《防止电力生产事故的二十五项重点要求》具体内容有：①防止人身伤亡事故；②防止火灾事故；③防止电气误操作事故；④防止系统稳定破坏事故；⑤防止机网协调及风电大面积脱网事故；⑥防止锅炉事故；⑦防止压力容器等承压设备爆破事故；⑧防止汽轮机、燃气轮机事故；⑨防止分散控制系统控制、保护失灵事故；⑩防止发电机损坏事故；⑪防止发电机励磁系统事故；⑫防止大型变压器损坏和互感器事故；⑬防止 GIS、开关设备事故；⑭防止接地网和过电压事故；⑮防止输电线路事故；⑯防止污闪事故；⑰防止电力电缆损坏事故；⑱防止继电保护事故；⑲防止电力调度自动化系统、电力通信网及信息系统事故；⑳防止串联电容器补偿装置和并联电容器装置事故；㉑防止直流换流站设备损坏和单双极强迫停运事故；㉒防止发电厂、变电站全停及重要客户停电事故；㉓防止水轮发电机组（含抽水蓄能机组）事故；㉔防止垮坝、水淹厂房及厂房坍塌事故；㉕防止重大环境污染事故、防止人身伤亡事故。

二、防止电气误操作事故

防止电气误操作事故，应从多个方面共同努力。首先应有规范的规章制度；其次工作中应严格执行组织措施和技术措施；再次还应有完善的防误装置，并且运行操作人员应具备相应的业务技能等。

（1）严格执行操作票、工作票，并使"两票"制度标准化，管理规范化。

（2）严格执行调度指令。当操作中发生疑问时，应立即停止操作，向值班调度员或值班负责人报告，并禁止单人滞留在操作现场，待值班调度员或值班负责人再行许可后，方可进行操作。不准擅自更改操作票，不准随意解除闭锁装置。

（3）应制定和完善防误装置的运行规程及检修规程，加强防误闭锁装置的

运行、维护管理，确保防误闭锁装置的正常运行。

（4）建立完善的解锁工具（钥匙）使用和管理制度。防误闭锁装置不能随意退出运行，停用防误闭锁装置时应经本单位分管生产的行政副职或总工程师批准；短时间退出防误闭锁装置应经变电站站长、操作或运维队长、发电厂当班值长批准，并实行双重监护后实施，并应按程序尽快投入运行。

（5）采用计算机监控系统时，远方、就地操作均应具备防止误操作闭锁功能。

（6）断路器或隔离开关电气闭锁回路不应设重动继电器类元器件，应直接用断路器或隔离开关的辅助触点；操作断路器或隔离开关时，应确保待操作断路器或隔离开关位置正确，并以现场实际状态为准。

（7）对已投产尚未装设防误闭锁装置的发、变电设备，要制定切实可行的防范措施和整改计划，必须尽快装设防误闭锁装置。

（8）新、扩建的发、变电工程或主设备经技术改造后，防误闭锁装置应与主设备同时投运。

（9）同一集控站范围内应选用同一类型的微机防误系统，以保证集控主站和受控子站之间的"五防"信息能够互联互通、"五防"功能相互配合。

（10）微机防误闭锁装置电源应与继电保护及控制回路电源独立。微机防误装置主机应由不间断电源供电。

（11）成套高压开关柜、成套六氟化硫（SF_6）组合电器（GIS/PASS/HGIS）五防功能应齐全、性能良好，并与线路侧接地开关实行连锁。

（12）应配备充足的经国家认证认可的质检机构检测合格的安全工作器具和安全防护用具。为防止误登室外带电设备，宜采用全封闭（包括网状等）的检修临时围栏。

（13）强化岗位培训，使运维检修人员、调控监控人员等熟练掌握防误装置及操作技能。

第三节　电网及电网调度管理

一、我国电力工业的发展历程

中国电力工业自 1882 年在上海诞生以来，经历了艰难曲折、发展缓慢的 67 年，到 1949 年发电装机容量和发电量仅为 185 万 kW 和 43 亿 kW·h，分别居世界第 21 位和第 25 位。1949 年以后我国的电力工业得到了快速发展。1978 年发电装机容量达到 5712 万 kW，发电量达到 2566 亿 kW·h，分别跃居世界第 8

位和第 7 位。改革开放之后，电力工业体制不断改革，在实行多家办电、积极合理利用外资和多渠道资金，运用多种电价和鼓励竞争等有效政策的激励下，电力工业发展迅速，在发展规模、建设速度和技术水平上不断刷新纪录、跨上新的台阶。进入新世纪，我国的电力工业发展遇到了前所未有的机遇，呈现出快速发展的态势，并且我国电源结构和布局不断优化，截至 2016 年年底，全国全口径发电装机容量 16.5 亿 kW，全年全国全口径发电量 5.99 万亿 kW·h，电源和电网规模已经跃居世界首位。

二、我国电网简介

电力系统中各种电压的变电所及输配电线路组成的整体，称为电力网，简称电网。它包含变电、输电、配电三个单元。电力网的任务是输送与分配电能，改变电压。

近年来，伴随着中国电力发展步伐不断加快，中国电网也得到迅速发展，电网系统运行电压等级不断提高，网络规模也不断扩大，全国已经形成了东北电网、华北电网、华中电网、华东电网、西北电网和南方电网 6 个跨省的大型区域电网，并基本形成了完整的长距离输电电网网架。

三、电网调度管理

电网调度是指电网调度机构为了保障电网的安全、优质、经济运行，对电网运行进行的组织、指挥、指导和协调。电网调度运行管理一般实行"统一调度、分级管理"模式。

电网内的发、输、变电设备一般分为五级，分别由国调中心、区域调控中心（国网某分部）、省调、地调和县调五级调度管辖，其调度管辖范围划分依据《中华人民共和国电力法》《电网调度管理条例》和相关《电网调度规程》执行。各级调度机构在电网调度业务活动中是上下级关系，下级调度机构必须服从上级调度机构的调度。

1. 国调调度管辖范围

国调调度管辖的输变电设备为对全国互联电网运行影响重大的发电厂及其送出系统和全国各跨省电网间、跨省电网与独立省网间和独立省网之间的联网系统，例如：湖北境内主要为 500kV 三峡外送系统及跨区电网联网系统。

2. 区域调控中心调度管辖范围

以原华中分部为例：华中网调调度管辖湖北境内除国调调度管辖范围以外的全部 500kV 设备，其中 500kV 莲吉 1 回线委托湖北省调调度。

3. 省调调度管辖范围

以湖北省为例：湖北省调调度管辖 220kV 设备，其中部分变电站的 220kV

设备和线路（馈电变电站）的调度管理权交由相应的地调行使，截至目前，约有 20 座 220kV 变电站、28 条 220kV 线路委托地调调度。

4. 地调、县调调度管辖范围

110kV 及以下电压等级设备归属于地调、县调调度管理。

第四节 手指口述安全确认法

一、基本概念和发展历程

手指口述安全确认法含义是：通过心想、眼看、手指、口述需确认的安全关键部位，以达到集中注意力、正确操作目的的一种安全确认方法。

手指口述安全确认法源自于日本的"零事故战役"。日本在经济高速发展的同时，工作现场的死亡人数也曾逐年增加，1961 年最高峰时，当年工作现场死亡人数达到 6700 多人。为了有效遏制这种局面，日本自 1973 年起开始推行"零事故战役"。这是一场旨在解决工作现场职业健康和安全问题，确保工人身心健康，实现工作现场"零事故"和"零职业病"的战役，其实施方法就是手指口述安全确认法，通过 40 余年的努力，日本 2003 年工作场所死亡人数减至 1628 人。

"零事故战役"由 3 个基本单元构成。其一是基本目标，就是尊重人的生命，即作为每个个体，无高低贵贱之分，其生命都是无可替代的，都不应在工作中受到伤害。其二是"零事故战役"实施的方法，主要包括"危害辨识、预防和培训"及"手指口述安全确认法"（它是一种手指目标物并出声确认的方法），参加人员包括企业的工人、管理人员等各阶层，通过对工作场所风险的预先识别和确定控制措施，达到健康和安全的预期。其三是执行环节，通过全员参与，建立积极、主动、和谐的工作环境；通过危害辨识、预防和培训等方法的日常应用，使安全预防意识深入人心，在具体工作中实施并成为人们的行为习惯，最终使企业达到安全、质量和产量完美而和谐的统一。

二、具体操作方法

在应用手指口述安全确认法时，就是将某项工作的操作规范和注意事项编写成简易口语，当作业开始的时候，不是马上开始而是用手指出并说出那个关键部位进行确认，以防止判断、操作上的失误。

让员工在工作前通过眼看、手指、口述工作环境的安全状况和注意事项，在工作中时常口述安全操作的步骤，久而久之自然让员工熟练了安全操作，形成习惯，从而提高安全意识和操作技能，达到少出错误、少出纰漏、少出事故的目的。

目前，国内一些大中型国有煤炭生产企业自发地从生产矿井开始推行手指口述安全确认法，并在国有煤炭生产企业呈现逐渐推广和从矿井延伸到地面生产经营单位的发展趋势。

三、电力行业应用探析

电力行业发生的事故绝大多数也是因为人的误操作和现场安全措施未落实到位造成的，因此规范人的安全行为和现场安全措施的落实确认工作至关重要。

电力行业电气操作一直严格执行"唱票、监护、复诵"制度，单人操作也要高声唱票复诵。操作过程中按照操作票填写的顺序逐项操作，每一步操作前先进行确认，操作后检查确认无误再做一个"√"记号，全部操作完毕后进行复查。而且电业安全规程明确监护操作时，操作人在操作过程中不得有任何未经监护人同意的操作行为。可以看出，"手指口述安全确认法"与电力行业电气操作一贯倡导的"唱票、监护、复诵"制度要求是一致的，都是要求对关键部位进行确认，以防止操作失误。因此，手指口述安全确认法对运行值班的安全也有很大的指导意义。

四、手指口述安全确认法应用

手指口述安全确认法在运行值班的日常工作中也有很广泛的适用空间，例如：日常巡检、主站开停机、电气设备倒闸操作等。我们列举几个代表事例，以供参考。

（一）单控室盘柜巡检（图 2-1）

1. 安全确认

盘柜上控制方式把手在"远方""自动"位置，同期方式投/切把手在"切除"位置，自准合闸电源投/切把手在"切除"位置，水机报警、LCU 故障灯熄灭，控制按钮在弹起位置，盘柜后各电源开关正常投入。

2. 手指口述

把手位置正确、信号正常。确认完毕。

图 2-1 单控室（LCU 室）巡检

（二）机组刹车柜巡检

1. 安全确认

各仪表指示正确（气源压力 0.7MPa），无报警信号；柜内各阀门位置正确；供气管道及阀门无漏气。

2. 手指口述

阀门位置正确、信号正常。确认完毕。

（三）主站开停机（图2-2）

图2-2　主站开停机

1. 操作前安全确认

（1）安全确认。主控站点，无异常报警信号，机组编号正确，开机画面无误。

（2）手指口述。机组编号正确、信号正常。确认完毕。

2. 操作后安全确认

（1）安全确认。流程执行顺利，无异常报警信号，机组状态与实际相符。

（2）手指口述。流程正确、信号正常。确认完毕。

（四）直流室投电源操作（图2-3）

图2-3　直流室投电源操作

1. 操作前安全确认

（1）安全确认。间隔确认，盘柜编号，开关双重编号核实，控制盘面无报警。

（2）手指口述。开关编号正确、无异常。确认完毕。

2. 操作后安全确认

（1）安全确认。无异常报警信号，主站信号与实际相符。

（2）手指口述。操作无误、信号正常。确认完毕。

第三章 设备运行管理基础知识

学习提示

    内容：介绍水轮机系统、发电机系统、主变压器、调速器系统、励磁系统、监控系统、继电保护和阀门。

    重点：各类设备原理及结构、设备巡检的注意事项。

    要求：掌握各类设备的基本原理；熟悉各类设备结构、型号和特点；了解主要设备的分类及发展趋势。

第一节 水 轮 机 系 统

一、水轮机概述

    水轮机是将水能转换为旋转机械能的一种水力原动机，能量的转换是借助转轮叶片与水流相互作用来实现的。

二、水轮机出力和效率

    具有一定水头和流量的水流通过水轮机便做功，而在单位时间内所做的功称为水轮机出力，用 N 表示，其单位为 kW。

    水流输入水轮机的出力为

$$N_s = \gamma QH = 9.81QH \qquad (3-1)$$

式中 Q——流量，m^3/s；

        H——工作水头，m；

        γ——水的重度。

    因水流流经水轮机时有摩擦、漏水等损失，故水轮机所获得的输出功率，即出力为

$$N = N_s\eta = 9.81QH\eta \qquad (3-2)$$

式中 η——水轮机效率，目前大型水轮机的最高效率可达 $90\% \sim 95\%$。

三、水轮机分类

    根据转轮内水流运动的特征和转轮转换水流能量形式的不同，水轮机可分

为反击式和冲击式两类。反击式水轮机利用水流的势能和动能，冲击式水轮机利用水流动能。

反击式水轮机的特点是转轮位于水流流经的整个通道中，在同一时间内，所有转轮叶片的通道都有水流通过。水流流经叶片通道后，流速大小和方向都发生了变化，这种变化反映了水流动量的变化，这个动量的变化是转轮作用于水流产生的，因而水流对转轮有个反作用力，这个反作用力推动转轮旋转。这种利用水流的反作用力推动转轮旋转的水轮机，称为反击式水轮机。

冲击式水轮机的特点是当水流流经转轮时，不像反击式水轮机那样整个转轮位于水流流经的通道中，只有部分转轮叶片充满了水，其余部分则处在大气之中。水流以射流形式冲击转轮。冲击式水轮机实际上是利用水流的动能推动转轮旋转，而且在同一时间内水流只冲击着部分水斗，所以利用水流冲击的动能推动转轮旋转的水轮机，称为冲击式水轮机。

反击式水轮机按其水流经过转轮的方向不同又分为混流式、轴流式、斜流式和贯流式四种。冲击式水轮机根据转轮的进水特征又分为水斗式、斜击式和双击式三种。

四、水轮机型号

（一）水轮机型号

根据《水轮机型号编制规定》（JB/T 9579），水轮机型号由三部分组成，如图 3-1 所示。

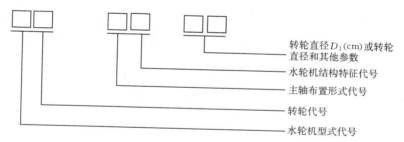

转轮直径 D_1(cm)或转轮直径和其他参数

水轮机结构特征代号

主轴布置形式代号

转轮代号

水轮机型式代号

图 3-1　水轮机型号说明

第一部分代表水轮机的型式和转轮型号。常见有：混流式，用 HL 表示；轴流转桨式，用 ZZ 表示；轴流定桨式，用 ZD 表示；贯流转桨式，用 GZ 表示；水斗式，用 CJ 表示。转轮型号用阿拉伯数字表示，其值为水轮机比转速值，水头为 1m、发出 1kW 功率且机械效率为 100% 时水轮机自身的转速即为比转速。

第二部分代表水轮机主轴的布置形式和引水室的特征。常见有：立轴，用 L

表示；卧轴，用 W 表示；金属蜗壳，用 J 表示；混凝土蜗壳，用 H 表示。

第三部分表示水轮机转轮标称直径 D_1（cm）。

（二）水轮机型号示例（以甲电厂为例）

例如，ZZD231 - LH - 580 型水轮机。

ZZ——轴流转桨式水轮机；

D——东方电机厂；

231——转轮型号（比转速）为 231；

LH——立轴，混凝土蜗壳；

580——转轮标称直径为 580cm。

示例含义为：转轮型号为 231 的轴流转桨式水轮机，立轴混凝土蜗壳，转轮直径为 580cm。

五、水轮机四大过流部件和作用

水轮机是将水能转换为机械能的机械，它的基本部件即对能量转换有直接影响的过流部件，是绝大多数水轮机都具有的部件。一般水轮机都具有四个基本的过流部件，它们分别是：引水部件、导水部件、工作部件和泄水部件。

（一）引水部件

（1）组成：蜗壳、座环。

（2）作用：以较小的水力损失把水流均匀地、对称地引入导水部件，并在进入导叶前形成一定的环量。

（二）导水部件

（1）组成：导叶及其操作机构、顶盖、底环。

（2）作用：调节进入转轮的流量和形成转轮所需的环量。

（三）工作部件

（1）组成：转轮。

（2）作用：直接将水流能量转化为旋转的机械能。

（四）泄水部件

（1）组成：泄水锥、尾水管。

（2）作用：引导水流进入下游，尾水管同时还在转轮后形成真空，利用转轮出口到下游尾水之间的位能，回收转轮出口处的部分动能，以提高效率。

六、水轮机主要结构

反击式水轮机有混流式和轴流式两种，轴流式又分为轴流转桨和轴流定浆两种。两种常见混流式水轮机和轴流转桨式水轮机的结构如图 3 - 2、图 3 - 3 所示，并以甲厂轴流转桨式水轮机为例重点介绍。

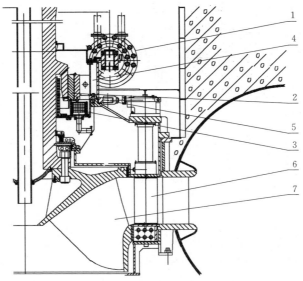

图 3 - 2　混流式水轮机结构图

1—导叶接力器；2—水导轴承；3—水导冷却器；4—控制环；5—拐臂；6—活动导叶；7—桨叶叶片

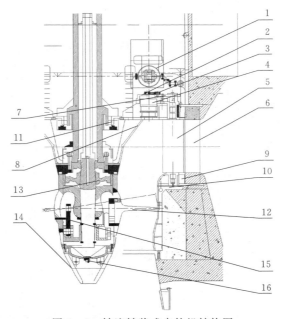

图 3 - 3　轴流转桨式水轮机结构图

1—导叶接力器；2—控制环；3—连杆；4—真空破坏阀；5—活动导叶；6—固定导叶；7—拐臂；8—支撑盖；
9—座环；10—基础环；11—水导轴承；12—桨叶；13—活塞；14—泄水锥；15—连杆；16—排油阀

（一）蜗壳

作为引水部件，40m 以下水头，蜗壳多采用混凝土蜗壳带金属里衬；40m 以上的水头，蜗壳多采用全金属蜗壳（焊接或铸造）。甲厂水轮机蜗壳为 225°包角（蜗壳从进口起到末端为止的环绕水轮机座环的总角度），混凝土蜗壳，在蜗壳上斜面及顶部埋设有厚 16mm 的钢衬。

（二）顶盖和支持盖

顶盖用于固定导叶上端，再通过连杆拐臂与控制环相连；支持盖用于安装水导轴承以及和顶盖、主轴密封一起，隔绝水车室与转轮室，防止水倒灌冲入水车室。甲厂顶盖的下表面与活动导叶对应处为不锈钢抗磨板，用黄铜条密封；支持盖设有进人孔，并布置有 2 个 φ350 浮球式真空破坏阀。

（三）活动导叶

活动导叶用来引导与截断水流和调节通过水轮机的流量，为水轮机的导流部件，如图 3-4 所示。

（四）固定导叶

固定导叶是座环的一部分，起导水作用并用以连接座环上、下环形件的支柱，如图 3-5 所示。

图 3-4 活动导叶示意图　　　　　　　图 3-5 固定导叶示意图

（五）拐臂

拐臂为控制环上导叶连杆和导叶之间的连接部件，传递控制环的输出转矩，推动导叶开启或关闭，如图 3-6 所示。

（六）水导轴承

水导轴承作用主要是承受机组主轴传递过来的径向力和振摆力，维持机组轴线位置。甲厂为油浸式自循环润滑的分块瓦结构，共计 10 块钨金瓦，斜楔调整，螺栓锁紧，自调性强，冷却器为环管式水冷却器。

外形图 剖面图

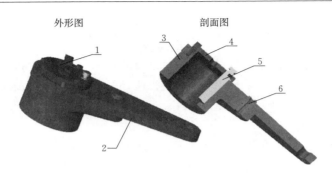

图 3-6 拐臂结构示意图

1—端盖压板；2—连接板；3—导叶臂；4—端盖；5—半分键；6—剪断销

（七）主轴密封

主轴密封作用是为了阻止水流从主轴与顶盖之间的间隙上溢，防止水淹水导。甲厂为盘根填料密封，每台机组有 4 道填料，一道工字环用于进润滑水。支持盖设有浮子信号器，顶盖排水由四台潜水泵进行排水。

（八）受油器

受油器是水轮机的重要部件，其主要作用是将调速系统的压力油自固定油管引入到转动着的操作油管内，并将其传送至桨叶接力器，及时、有效地调整桨叶开度，从而使机组始终处在协联工况下运行。甲厂采用端面无压的浮动环，发电机连接部位设有绝缘垫板和绝缘套。

混流式水轮机和轴流定浆式水轮机没有受油器设备，因为混流式和轴流定浆式水轮机不需要压力油来调节桨叶的角度，桨叶是固定的。

图 3-7 控制环示意图

1—接力器连接处；2—导叶连杆；3—控制环

（九）接力器

水轮机接力器是与水轮机导水机构的控制环采用摇杆连接，根据流量、出力情况，调节导水机构的开度大小的装置。甲厂接力器设计有 2 个行程为 900mm 直缸接力器，操作油压 4.0MPa，设有缓冲装置，空载开度下可慢关闭。

（十）控制环

由设置在水轮机机坑内的接力器连杆带动控制环控制活动导叶，如图 3-7 所示。

（十一）转轮

转轮是把水能转换为机械能的装置。

甲电厂水轮机为轴流转桨式，共 5 只叶片，其轮叶角度可按水轮机综合特性曲线和导叶协联曲线调节，每个叶片转动是通过操作油管将 4.0 MPa 等级的压力油引入转轮接力器上下腔来操纵活塞，带动活塞杆、操作架、连杆、转臂、叶片，如图 3-8 所示。

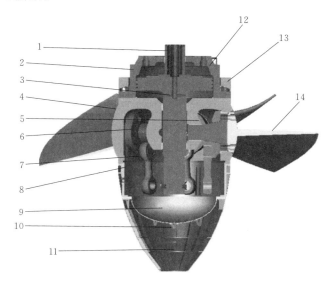

图 3-8　转轮结构示意图

1—导轴；2—活塞环；3—活塞；4—轮毂；5—枢轴；6—转臂；7—连杆；8—连接体；

9—下盖；10—放油阀；11—泄水锥；12—缸体；13—护盖；14—桨叶

混流式水轮机转轮主要由上冠、叶片、下环、止漏装置、减压装置和泄水锥及其他部分组成，叶片固定。

七、水轮机常见保护装置

水轮机一般装设有事故配压阀、剪断销和真空破坏阀等保护装置。

（一）事故配压阀（又叫过速限制器）

事故配压阀是防止水轮机长期在飞逸转速下运行的有效措施。机组正常运行时，事故配压阀仅作为压力油的通道，使调速器主配压阀通至接力器的管道接通；当机组甩负荷并遇到调速器故障时，事故配压阀动作，切断主配压阀与接力器的联系，而直接把压力油从压油装置接入接力器，使接力器迅速动作关闭导叶，实现机组紧急停机。

（二）剪断销保护装置

剪断销保护装置是由剪断销及其信号器组成。导叶传动机构中连接板与导叶臂是由剪断销连接的。正常情况下，导叶在动作过程中，剪断销有足够强度带动导叶转动，但当导叶间有异物卡住时，导叶轴和导叶臂不能动，而连接板在导叶连杆的带动下转动，因此对剪断销产生剪力，当该剪力大于正常操作应力的1.5倍时，剪断销剪断，该导叶脱离控制，但其它导叶仍可正常转动，避免事故扩大。

（三）真空破坏阀

真空破坏阀作用是机组甩负荷或因其他原因紧急停机，导叶迅速关闭时，水流由于惯性继续向下游流去，在转轮室内产生很大真空，转轮室内尾水在压差的作用下，尾水水流又倒流向转轮室冲击转轮叶片及顶盖，将产生很大的冲击力，出现抬机现象。真空破坏阀用来补气，以防止此类现象的发生，从而起到对水轮机保护作用。

八、水轮机调速器协联曲线

轴流转桨式水轮机（双调水轮机）每个桨叶开度的高效率都有其对应的导

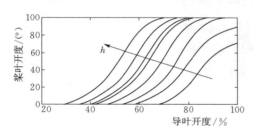

图 3-9　水轮机调速器协联曲线

叶开度，而且每种桨叶开度都有较窄的、与之相配合的高效率区，即在导叶开度和桨叶开度之间存在一个协调关系，导叶开度与桨叶开度在不同的水头下存在不同的协调关系。

如图 3-9 所示，协联曲线反映了不同水头下导叶开度和桨叶开度之间协调关系的组合，可以用公式 $z = f(y,h)$（z：桨叶开度；y：导叶开度；h：水头）来表示。为了保持水轮机在高效率区运行，协联要求桨叶开度按照一定的规律随动于导叶开度。

九、水轮机汽蚀

汽蚀又称穴蚀，是指流体在高速流动和压力变化条件下，与流体接触的金属表面上发生洞穴状腐蚀破坏的现象。水轮机汽蚀主要是由水体的空化现象（环境温度不变而流体压力突然降压所引起的汽化状态）造成的，汽蚀通常发生在转轮叶片、过流缝隙、局部负压区及尾水管进口部位。汽蚀主要有以下类型。

（一）翼型汽蚀

当水流在转轮叶片绕流时，转轮叶片背面压力降低到汽化压力时就发生翼型汽蚀。侵蚀破坏区位于叶片不同部位，一般在叶片背面，造成金属表面呈海绵状针孔，表面有呈灰暗无光泽的大小蜂窝及透孔。

（二）间隙汽蚀

水流通过狭小通道或缝隙时，局部流速升高和压力降低到一定程度时就发生间隙汽蚀。发生在导叶上下端面及立面密封附近以及在顶盖、底环相应于导叶全关闭位置区域，上冠的减压孔后侧。

（三）局部汽蚀

局部汽蚀是指水流在不平整表面绕流时，由于局部压力降低而发生的汽蚀。发生在转轮室连接处的不平滑处、局部有凹陷的地方，以及存在凹凸的叶片固定螺钉与密封螺钉处和其他孔眼处。

（四）空腔汽蚀

反击式水轮机在偏离最优工况的部分负荷运行时，转轮出口的圆周速度分量会使水流旋转，在转轮出口处出现一条螺旋涡带，涡带中心形成很大的负压。这种涡带一般是以低于水轮机转速频率在尾水管中旋转并周期性地撞击到尾水管的边壁，造成强烈振动与噪声，尾水管进口段的边壁也可能发生汽蚀破坏，这种现象称为空腔汽蚀。

十、水轮机巡视检查项目

（1）水轮机运行中无异音，过流部分无剧烈轰鸣声，振动和摆度在正常范围。

（2）顶盖排水畅通。

（3）接力器无异常抽动、各管道、阀门、接头不漏油。

（4）剪断销无剪断、连杆和联接销无上窜。

（5）水导轴承油槽无漏油和甩油现象，油位正确，其瓦温、油位低于告警值。

（6）水导冷却器水压正常、水流畅通、管路、接头和阀门无漏水。

（7）主轴密封供水正常，漏水不大，压力正常。

（8）蜗壳、尾水管进人孔密封良好，无漏水现象。

（9）蜗壳、尾水管放空阀无渗油、开/关位置正确。

（10）机组动力电源屏正常。

第二节 发 电 机 系 统

一、发电机概述

同步发电机是将机械能转变为交流电能的设备。在火电厂，发电机用汽轮机作原动机，称为汽轮发电机；在核电站是以核反应堆来代替火电站的锅炉，原动机仍然是汽轮机；在水电厂，发电机用水轮机做原动机，称为水轮发电机。其中，同步发电机指电机转子的转速 n 与旋转磁场转速 n_1 相同。

同步发电机的转速为

$$n = 60\,\frac{f}{p}$$

式中　f——电网频率；

　　　p——电机旋转磁场的极对数。

二、水轮发电机分类

按水轮发电机轴布置不同分为立式、卧式和斜式三种。卧式水轮发电机组，大多用于小型水轮发电机组以及部分大、中型水斗式水轮发电机组；斜式水轮发电机组主要用于明槽贯流式、虹吸贯流式机组以及十几米水头以下的其他形式小型水轮发电机组；而中、低速大、中型水轮发电机组绝大多数采用立式结构。

按推力轴承的位置分为悬式和伞式两种，如图 3-10 所示。

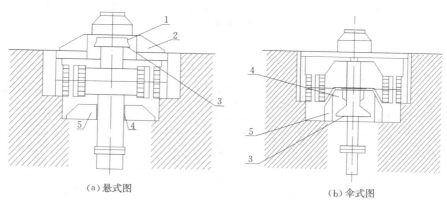

(a)悬式图　　　　　　　　　(b)伞式图

图 3-10　发电机结构示意图（按推力轴承位置分类）
1—推力镜板；2—上机架；3—推力轴承；4—下导轴承；5—下机架

按冷却方式不同，分为空冷和水冷两种。

三、水轮发电机型号

（一）水轮发电机型号

型号是以定子铁芯外径、长度、磁极个数及额定容量等用一定格式排列而成，其形式表示如图 3-11 所示。

（二）发电机型号示例（以甲电厂为例）

例如，SF90-48/9500 型水轮发电机。

SF——立式空冷水轮发电机。

90——发电机额定功率为 90MW。

48——发电机转子磁极个数。

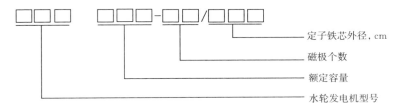

图 3-11　发电机型号说明

9500——发电机定子铁芯的外径为 9500mm。

四、发电机的主要参数

（一）额定功率

用以表示水轮发电机的容量，多以千瓦计。额定功率除以效率不应大于水轮机的最大轴出力。

（二）额定电压

水轮发电机的额定电压需经技术经济比较会同制造厂决定，当前水轮发电机的电压从 6.3kV 到 18.0kV，容量越大则额定电压越高。

（三）额定功率因数

发电机的额定有功功率与额定视在功率之比，用 $\cos\varphi$ 表示，远离负荷中心的水电站常采用较高的功率因数，功率因数增大则电机的造价可略降低。

五、发电机的主要结构部件

伞式水轮发电机较为常见，本书以甲厂的伞式水轮发电机组为例，如图 3-12 所示。

水轮发电机一般由转子、定子、机架、推力轴承、导轴承、冷却器、制动器等主要部件组成。定子主要由机座、铁芯和绕组等部件组成。定子铁芯多用冷轧硅钢片叠成，按制造和运输条件可做成整体和分瓣结构。水轮发电机冷却方式一般采用密闭循环空气冷却。特大容量机组倾向于以水作为冷却介质，直接冷却定子。如同时冷却定子和转子，则为双水内冷水轮发电机组。

（一）受油器

受油器采用端面无压的浮动环，与发电机连接部位设有绝缘垫板和绝缘套。

（二）压力油管

向受油器输送透平油的进油管路。

（三）上机架

上机架位于立式水轮发电机转子上部，是与定子相连接的支撑部件，通常用于装设上导轴承钢板焊接结构。甲厂上机架为八边形框架结构，并通过八个

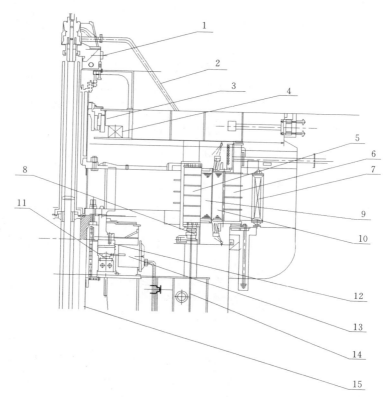

图 3 - 12　伞式水轮发电机结构示意图

1—受油器；2—压力油管；3—上导轴承；4—上导冷却器；5—转子；6—定子；

7—空气冷却器；8—风闸；9—磁轭；10—定子线圈；11—推力轴承；

12—镜板；13—推力冷却器；14—下机架；15—主轴

三角形支架与基础相连，如图 3 - 13 所示。

（四）上导轴承

上导轴承作用主要是承受机组转动部分的径向机械不平衡力和电磁不平衡力，维持机组主轴在轴承间隙范围内稳定运行，位于上机架中心体内。甲厂上导轴承由 8 块钨金瓦组成，采用箱式翅片管油冷却器。

（五）上导冷却器

通过进出的冷却水对上导油箱里的透平油进行冷却，从而降低上导瓦的温度，使上导瓦的温度保持在正常范围内，不会因为摩擦过热而烧坏上导瓦。

（六）转子

转子是发电机的转动部分，由转轴、转子中心体、支臂、磁轭及磁极登组

图 3-13　发电机上机架现场结构示意图

成，其作用是接受励磁电流，产生旋转磁场，承受水轮机轴传递的转矩，如图
3-14所示。

图 3-14　转子现场结构示意图

（七）磁轭

磁轭也叫轮环，它的作用是产生转动惯量和固定磁极，同时也是磁路的一部分，通过转子旋转使磁轭旋转，为定子线圈提供一个旋转的磁场，从而切割磁感线产生电能，如图3-15所示。

图3-15　转子结构示意图

1—转子支架；2—磁轭；3—磁极；

4—集电环组件；5—转子引线

（八）定子

定子主要由铁芯、绕组、基座等组成，是产生感应电动势和电流的部件。其结构应能承受磁拉力、热应力及短路扭矩。对于悬式机组，定子还要承受推力轴承传递的轴向力，如图3-16所示。

图3-16　定子现场结构示意图

（九）定子线圈（绕组）

定子绕组的作用是当交变磁场切割绕组时，便在绕组中产生交变电动势和交变电流，从而完成水能到电能的转换。甲厂定子绕组为条形波绕组，绕组绝缘为F级，图3-16所示为检修人员在对定子槽锲进行检查清扫。

（十）空气冷却器

空气冷却器是用冷却水将从发电机出来的温度较高的空气冷却后再送入发

电机，从而带走发电机定子线圈产生的热量，将定子线圈的温度控制在一定范围之内，避免线圈由于过热而烧坏。

（十一）制动器（风闸）

制动器（风闸）是水轮发电机组机械制动系统中的重要组成部分，机组制动系统由制动器、油气管路、手动和自动控制装置组成。甲厂发电机制动系统由 12 个气压复位式制动器组成，制动瓦块材料由特有的铜基冶金粉末烧制而成，风闸在机组停机 15％额定转速时投入，在检修时还可兼做顶转子之用，如图 3-17 所示。

图 3-17　风闸现场结构示意图

（十二）推力轴承

推力轴承主要承担转子重量及轴向的水推力。甲厂推力轴承采用双层瓦和加有托盘的液压弹性支撑方式，弹性油箱采用装配式结构并相互连通，共设有 12 块瓦，瓦面材料为弹性金属氟塑料，轴承冷却方式为内循环，在油槽内部设有 12 个双金属翅片式油冷却器，如图 3-18、图 3-19 所示。

（十三）镜板

镜板用螺栓与主轴连接在一起，为推力轴承的推力瓦面提供一个光滑的摩擦面，减少对推力瓦的磨损，延长使用期限。甲厂镜板采用优质锻钢。

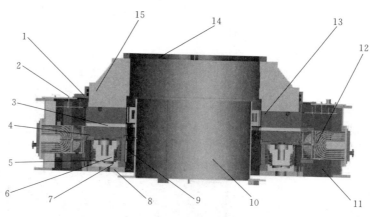

图 3-18　推力轴承结构示意图

1—密封圈；2—推力油槽盖板；3—推力瓦；4—托瓦；5—支筒；6—支铁；7—弹性油箱；8—底盘；
9—推力轴承座；10—挡油管；11—推力油箱；12—推力冷却器；13—镜板；14—卡环；15—推力头

图 3-19　推力轴承现场结构示意图

（十四）推力轴承冷却器

与上导轴承冷却器作用基本一致，通过冷却水的流动带走推力轴承由于摩擦而产生的热量，防止推力瓦过热而损毁。

（十五）下机架

下机架一般是位于立式水轮发电机转子下部与基础相连接的支撑部件，通常用于装设推力轴承和下导轴承。甲厂下机架为钢板焊接结构，设有 12 个支臂，可通过定子内圆整体吊出。

（十六）主轴

主轴是水轮机与发电机的重要连接部件，连接发电机转子和水轮机转轮体，将水轮机的输出转矩传递给发电机转子。甲厂高 12070mm，轴径 1200mm，最大内径 800mm，上下法兰外径 1880mm，采用锻焊结构，如图3－20 所示。

图 3－20　发电机主轴现场结构示意图

六、发电机巡视检查项目

（1）发电机的巡回检查应巡检下列部位：发电机集电环室，发电机风洞外圈，发电机上、下风洞内，发电机中性点，励磁变和启励设备。

（2）检查单元控制室 LCU、调速器、励磁装置、保护装置的运行方式、投入状况和信号发信状况，发电机运行参数是否符合实际。

（3）检查转子滑环、碳刷的接触状况，有无火花、引线发热和碳刷磨损等情况。

（4）检查发电机及风洞外供电端子箱、仪表柜及中性点、设备投入是否正确。

（5）检查发电机空气冷却器和冷却水管是否结露，定子线圈有无电晕，母线有无发红或放电现象。

（6）发电机及其辅助设备有无异音、异味、异常振动及其他异常情况。

（7）观察各轴承油温、油色、油位、冷却水流量、摆度值，各种管道有无漏油、漏水和漏气。

（8）在机组和系统发生故障后，应增加巡检次数，具体要求由值长决定。

（9）励磁功率柜门在发电机运行时，检查人员不得将门长时间打开，以免影响风机冷却效果或误碰柜内设备发生危险。

（10）进入发电机风洞内的检查每周至少1次，外部及辅助设备的检查每班不少于1次。

（11）在气候突然变化，雷雨季节，系统运行方式改变，新投产或检修后的机组，运行人员应根据实际情况增加巡检次数。

（12）在巡检过程中，要注意各种电源是否按要求投退正常。

（13）在巡检过程中，应认真检查各种信号灯，光字是否齐全，状态是否正确，要及时更换损坏的信号灯泡。

第三节　变压器系统

一、变压器概述

变压器是利用电磁感应原理传输电能或电信号的器件，它具有变压、变流和变阻抗的作用。变压器的种类很多，应用十分广泛。在电力系统中用变压器把发电机发出的电压升高后进行远距离输电，到达目的地后再用变压器把电压降低以便用户使用，以此减少传输过程中电能的损耗；在电子设备和仪器中常用小功率电源变压器改变市电电压，再通过整流和滤波，得到电路所需要的直流电压；在放大电路中用耦合变压器传递信号或进行阻抗的匹配等。变压器虽然大小悬殊，用途各异，但其基本结构和工作原理却是相同的。

（一）变压器原理

变压器的一次绕组与交流电源接通后，经绕组内流过交变电流产生磁动势，在这个磁动势作用下，铁芯中便有交变磁通，即一次绕组从电源吸取电能转变为磁能，在铁芯中同时交（环）链原、副边绕组（二次绕组），由于电磁感应作

用，分别在原、二次绕组产生频率相同的感应电动势。如果此时二次绕组接通

负载，在二次绕组感应电动势作用下，便
有电流流过负载，铁芯中的磁能又转换为
电能。这就是变压器利用电磁感应原理将
电源的电能传递到负载中的工作原理，如
图 3 - 21 所示。

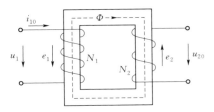

图 3 - 21　变压器原理图

（二）变压器的空载特性

如图 3 - 22 所示，副边开路时，通过原
边的空载电流 i_{10} 就是励磁电流。如果忽略漏磁通的影响并且不考虑绕组上电阻
的压降时，可认为原、副绕组上电动势的有效值近似等于原、副绕组上电压的
有效值，即

$$U_1 \approx E_1 ; U_{20} \approx E_2$$

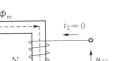

图 3 - 22　变压器空载情况下
电流、电压示意图

因此

$$\frac{U_1}{U_{20}} \approx \frac{E_1}{E_2} = \frac{4.44fN_1\Phi_m}{4.44fN_2\Phi_m} = \frac{N_1}{N_2} = K$$

$$(3 - 3)$$

式中　f——交流电源的频率；

　　　Φ_m——主磁通的最大值。

由式（3 - 3）可见，变压器空载运行
时，原、副绕组上电压的比值等于两者的匝
数之比 K，称为变压器的变比。若改变变压
器原、副绕组的匝数，就能够把某一数值的交流电压变为同频率的另一数值的
交流电压，即

$$U_{20} = \frac{N_2}{N_1}U_1 = \frac{1}{K}U_1$$

$$(3 - 4)$$

当原绕组的匝数 N_1 比副绕组的匝数 N_2 多时，$K>1$，这种变压器为降压变
压器；反之，当 N_1 的匝数少于 N_2 的匝数时，$K<1$，为升压变压器。

（三）变压器负载特性

如图 3 - 23 所示，变压器的原绕
组接交流电压 u_1，副绕组接上负载
Z_L，这种运行状态称为负载运行。

变压器负载运行时，原、副绕组
产生的磁动势方向相反，即副边电流
I_2 对原边电流 I_1 产生的磁通有去磁作

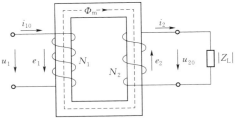

图 3 - 23　变压器负载情况下电流、电压示意图

用。因此，当负载阻抗减小，副边电流 I_2 增大时，铁芯中的磁通 Φ_m 将减小，原边电流 I_1 必然增加，以保持磁通 Φ_m 基本不变，所以副边电流变化时，原边电流也会相应地变化。在原、副绕组电流 I_1、I_2 的作用下，使铁芯磁通上总磁通势 $U_1 - U_{20} = 0$ 或 $I_1 N_1 - I_2 N_2 = 0$，由此可得到，原、副边电流有效值的关系为

$$\frac{I_1}{I_2} = \frac{N_2}{N_1} = \frac{1}{K} \tag{3-5}$$

由式（3-5）可见，当变压器额定运行时，原、副边的电流之比近似等于其匝数之比的倒数。若改变原、副绕组的匝数，就能够改变原、副绕组电流的比值，这就是变压器的电流变换作用。

不难看出，变压器的电压比与电流比互为倒数，因此匝数多的绕组电压高，电流小；匝数少的绕组电压低，电流大。

（四）变压器主要参数及概念

（1）额定容量：是指变压器在厂家铭牌规定的额定电压、额定电流下连续运行时，能输出的容量，单位为 kVA。

（2）额定电压：是指变压器长时间运行时所能承受的电压，单位为 kV。

（3）额定电流：变压器长时间运行时所能承受的工作电流，单位为 A。

（4）阻抗电压：将变压器的二次绕组短路，在一次绕组上慢慢升高电压，当二次绕组的短路电流等于额定值时，此时在一次侧所施加的电压叫阻抗电压，也叫短路电压。阻抗电压反映了变压器在通过额定电流时的阻抗压降，对变压器并列运行意义重大。

（5）短路损耗：将变压器的二次绕组短路，在一次绕组额定分接头上通入额定电流时所消耗的功率，即为短路损耗，也叫铜损耗。短路损耗包含两部分：基本损耗，即绕组本身的电阻上的损耗；附加损耗，即由于漏磁沿绕组的截面和长度分布不均匀而产生的杂散损耗。因为这种损耗与铜导线的电阻电流大小有关，故可称为铜损耗或可变损耗。

（6）空载损耗：变压器加额定电压，空载运行时的有功损耗，称为空载损耗，它包含铁芯的激磁损耗和涡流损耗。对单个变压器来说，空载损耗与外加电压的平方成正比，而与负荷大小无关，故又叫铁芯损耗（简称铁损）或固定损耗。

（7）空载电流：变压器在额定电压下，二次侧空载时，一次绕组中通过的电流。

（8）接线组别：变压器一次绕组和二次绕组组合接线形式的一种表示方法，常见的变压器绕组有两种接法，即"三角形接线"和"星形接线"。变压器的连

接组别的表示方法是：大写字母表示一次侧（或原边）的接线方式，小写字母表示二次侧（或副边）的接线方式。Y（或 y）为星形接线，D（或 d）为三角形接线，n 表示带中性线。数字采用时钟表示法，用来表示一、二次侧线电压的相位关系，一次侧线电压相量作为分针，固定指在时钟 12 点的位置，二次侧的线电压相量作为时针。例如，Ynd11，其中 11 表示当一次侧线电压相量作为分针指在时钟 12 点的位置时，二次侧的线电压相量在时钟的 11 点位置。也就是，二次侧的线电压 U_{ab} 滞后一次侧线电压 U_{AB} 330°（或超前30°）。大型变压器接线组别多采用 Ynd11。

二、变压器的分类

（1）根据变压器使用对象的不同来分类，可分为电力变压器、配变变压器、换流变压器、试验变压器等。按使用行业分类，又可分为：电炉变压器、整流变压器、牵引变压器、启动变压器、矿用变压器等。

（2）根据冷却和绝缘介质的不同来分类，可分为油浸式变压器、气体绝缘变压器、干式变压器等。

三、变压器型号及含义

（一）型号组成

变压器型号组成如图 3-24 所示。

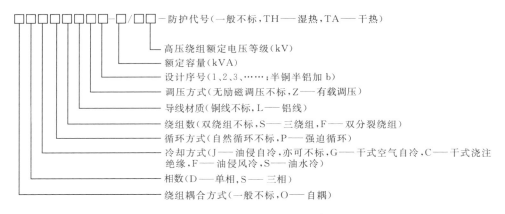

图 3-24　变压器型号组成示意图

（二）变压器型号示例（以甲厂为例）

如主变型号：SFP-100000/220。

含义为：三绕组强迫油循环风冷变压器，额定容量 100000kVA，高压绕组额定电压 220kV。

四、变压器结构

(一) 变压器组成

变压器主要组成部分如图 3-25 所示。

变压器
├─ 器身 ┬─ 铁芯
│   ├─ 绕组
│   └─ 引线和绝缘
├─ 油箱 ┬─ 油箱本体（箱盖、箱壁和箱底或上、下节油箱）
│   └─ 油箱附件（放油阀门）
├─ 调压装置——无励磁分解开关或有载分接开关
├─ 保护装置——储油柜、油位计、安全气道、吸湿器、油温原件、
│   净油器、气体继电器等
└─ 出线装置——高、中、低压套管，电缆出线等

图 3-25　变压器主要组成部分

(二) 变压器主要结构

1. 铁芯

铁芯是电力变压器的基本部件，由铁芯叠片、绝缘件和铁芯结构件等组成，如图 3-26 所示。铁芯结构件又由夹件垫脚、撑板、拉板、压钉等组成；结构件保证叠片的充分夹紧，形成完整而牢固的铁芯结构；叠片与夹件、垫脚、撑板、拉带和拉板之间均有绝缘件。铁芯作用是构成变压器的磁路，分为芯柱和铁轭两个部分。铁芯材料一般由 0.30mm/0.33mm/0.35mm 冷轧（也用热轧）硅钢片叠成。

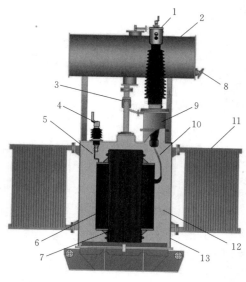

图 3-26　变压器铁芯、绕组示意图

1—高压套管；2—油枕；3—气体继电器；4—低压套管；
5—低压引线；6—绕组；7—铁芯；8—油位计；
9—升高座；10—高压引线；11—散热器；
12—变压器油；13—油箱

2. 绕组

绕组是变压器的电路部分，采用铜线或铝线绕制而成，原、副绕组同心套在铁芯柱上，如图 3-26 所示。为便于绝缘，一般低压绕组在里，高压绕组在外，但大容量的低压大电流变压器，考虑到引出线工艺困难，往往把低压绕组套在高压

绕组的外面。绕组的作用是构成变压器的电路。绕组的材料一般用绝缘扁铜线或圆铜线在绕线模上绕制而成。

3. 压力释放阀

压力释放阀是用来保护油浸电气设备的，例如变压器、高压开关、电容器、有载分接开关等的安全装置，可以避免油箱变形或爆裂。

当油浸电气设备内部发生事故时，油箱内的油被气化，产生大量气体，使油箱内部压力急剧升高。此压力如不及时释放，将造成油箱变形甚至爆裂。安装压力释放阀，就是油箱压力升高到释放阀的开启压力时，释放阀在 2ms 内迅速开启，使油箱内的压力很快降低。当压力降到阀的关闭压力值时，阀又可靠关闭，使油箱内永远保持正压，有效地防止外部空气、水汽及其他杂质进入油箱。

4. 油箱

油箱作用是作为盛油容器，充满油，放置变压器器身；作为外壳和骨架；作为散热元件。油箱材料一般是钢板焊接。

关于油箱电屏蔽和磁屏蔽，大容量的变压器的油箱壁的损耗是相当大的，为减少这部分损耗，消除油箱壁的局部过热，在油箱的内部常采用磁屏蔽和电屏蔽。

磁屏蔽的原理是利用硅钢片的高导磁性能构成具有较低磁阻的磁分路，使变压器漏磁通的绝大部分不再经油箱而闭合，可以说它的立足点是基于"疏"的原理。

电屏蔽是利用屏蔽材料（一般为铜板）的高电导率所产生的涡流反磁场来阻止变压器漏磁通进入油箱壁，它的立足点是基于"堵"的原理。

5. 储油柜/气体继电器/安全气道

变压器运行时产生热量，使变压器油膨胀，并流进储油柜中。储油柜使变压器油与空气接触面变小，减缓了变压器油的氧化和吸收空气水分。故障时，热量会使变压器油汽化，触动气体继电器发出报警信号或切断电源。

如果是严重事故，变压器油大量汽化，油气冲破安全气道管口的密封玻璃，冲出变压器油箱，避免油箱爆裂。

6. 绝缘套管

绝缘套管是变压器绕组连接电力系统之间的纽带，并进行不同电压等级间的电能传输，它的装设使变压器成为输变电设备中不可缺少的部分，它可以根据变压器的电压等级、电流大小做成各种绝缘和载流的结构型式。套管与绕组连接，绕组的电压等级决定了套管的绝缘结构，套管的使用电流决定了导电部分的截面和接线头的结构，所以套管由带电部分和绝缘部分组成。套管的作用主要是高压引线与接地油箱绝缘，套管的材料一般为瓷质。套管一般分为电容式和非电容式。

7. 引线

引线的作用是为实现连接组别；引至套管上；调压线圈引至调压开关上，实现调压。其材料可为铜排、线缆、铜桥、铜管。

五、变压器巡回检查注意事项

（1）变压器的油温和温度计应正常，储油柜的油位应与温度相对应，各部位无渗油、漏油。

（2）套管油位应正常，套管外部无破损裂纹、无严重油污、无放电痕迹及其他异常现象；套管渗漏油时，应及时处理，防止内部受潮损坏。

（3）变压器声响均应正常。

（4）各冷却器手感温度应相近，风扇、油泵、水泵运转正常，油流继电器工作正常，特别注意变压器冷却器油泵负压区出现的渗漏油。

（5）水冷却器的油压应大于水压（制造厂另有规定者除外）。

（6）吸湿器完好，吸附剂干燥。

（7）引线接头、电缆、母线应无发热现象。

（8）压力释放器、安全气道及防爆膜应完好无损。

（9）有载分接开关的分接位置即电源指示应正常。

（10）有载分接开关的在线滤油装置工作位置即电源指示应正常。

（11）气体继电器内一般应无气体。

（12）各控制箱和二次端子箱、机构箱应关严，无受潮，温控装置工作正常。

（13）干式变压器的外部表面应无污秽。

（14）变压器室的门、窗、照明应完好，房屋不漏水，温度正常。

第四节 调速器系统

一、水轮机调速器概述

（一）水轮机调节的任务

（1）维持机组转速在额定转速附近，满足电网一次调频要求。

（2）完成调度下达的功率指令，调节水轮机组有功功率，满足电网二次调频要求。

（3）完成机组开机、停机、紧急停机等控制任务。

（4）执行计算机监控系统的调节及控制指令。

（二）系统结构

调速器系统结构如图 3 - 27 所示。

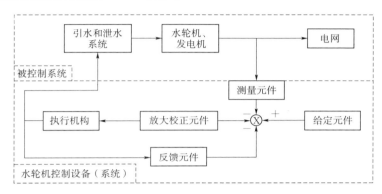

图 3 - 27　调速器系统结构示意图

（三）水轮机调节的实质

水轮机调节的实质是根据偏离额定值的转速（频率）偏差信号，调节水轮机的导水机构和轮叶机构，维持水轮发电机组功率与负荷功率的平衡。

（四）水轮机调速器

水轮机调速器是由实现水轮机调节及相应控制的机构和指示仪表等组成的一个或几个装置的总称。

调速器按照元件结构不同分为机械液压型、电气液压型、微机液压型；按照调节规律可分为比例积分型（PI）、比例积分微分型（PID）；按照执行机构的数目可分为单调节型和双调节型。

甲电厂的调速器为双调节型的微机调速器，采用 PID 调节模式。

二、PID 调节简介

PID 控制主要适用于低阶、不太复杂的线性系统，它的物理概念清晰、易于实现，目前也是水轮机调速器中应用最广泛、技术最成熟的一种控制形式，由于微处理器在水轮机调速器上的大量使用，PID 控制目前大多数由软件来实现，如图 3 - 28 所示的结构比较常用，称为经典 PID 控制。

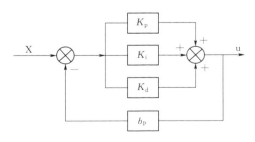

（一）P 调节

比例（P）控制是一种最简单的

图 3 - 28　PID 结构示意图

控制方式，其控制器的输出与输入误差信号成比例关系。当仅有比例控制时系统输出存在稳态误差。

（二）I 调节

在积分（I）控制中，控制器的输出与输入误差信号的积分成正比关系。对一个自动控制系统，如果在进入稳态后存在稳态误差，则称这个控制系统是有稳态误差的或简称有差系统。为了消除稳态误差，在控制器中必须引入"积分项"。积分项对误差取决于时间的积分，随着时间的增加，积分项会增大。这样，即便误差很小，积分项也会随着时间的增加而加大，它推动控制器的输出增大，使稳态误差进一步减小，直到等于零。

因此，比例＋积分（PI）控制器，可以使系统在进入稳态后无稳态误差。

（三）D 调节

在微分（D）控制中，控制器的输出与输入误差信号的微分（即误差的变化率）成正比关系。自动控制系统在克服误差的调节过程中可能会出现振荡甚至失稳。其原因是由于存在有较大惯性组件（环节）或有滞后组件，具有抑制误差的作用，其变化总是落后于误差的变化。解决的办法是使抑制误差的作用的变化"超前"，即在误差接近零时，抑制误差的作用就应该是零。这就是说，在控制器中仅引入"比例"项往往是不够的，比例项的作用仅是放大误差的幅值，而目前需要增加的是"微分项"，它能预测误差变化的趋势。这样，具有比例＋微分的控制器，就能够提前使抑制误差的控制作用等于零，甚至为负值，从而避免了被控量的严重超调。所以对有较大惯性或滞后的被控对象，比例＋微分（PD）控制器能改善系统在调节过程中的动态特性。

三、调速器主要参数及概念

调速器主要调节参数有 b_p、b_t、T_d、T_n、e_p、b_p、T_w、T_a，依次介绍如下：

（一）缓冲装置特性

缓冲装置将来自接力器或中间接力器的位移信号转换成一个随时间衰减的信号，它可以是机械液压式的（缓冲器），也可以是由电气回路构成的（电气缓冲环节）。主要参数包括 b_p（永态转差系数）、b_t（暂态转差系数）、T_d（缓冲装置时间常数）、T_n（加速时间常数）。

1. b_p（永态转差系数）

永态转差系数：物理意义是指接力器行程为零时的转速与接力器全行程时的转速之差与额定转速之比的相对值，公式如下：

$$b_p = -\frac{\Delta x_f}{\Delta y} \tag{3-6}$$

2. b_t（暂态差值系数）

暂态转差系数：永态转差系数 b_p 为零时，缓冲装置起不到衰减作用，在稳态下的差值系数就称为暂态差值系数 b_t，公式如下：

$$b_t = -\frac{\Delta x_f}{\Delta y} \tag{3-7}$$

3. T_d（缓冲时间常数）

缓冲时间常数：输入信号停止变化后，缓冲装置将来自接力器位移的反馈信号衰减的时间常数称为缓冲装置的时间常数 T_d。

如果把某一开始衰减的缓冲装置输出信号强度设置为 1.0，那么至它衰减了0.63 为止的时间就是 T_d。

4. T_n（加速时间常数）

加速时间常数：当取永态转差系数 b_p 和暂态转差系数 b_t 为零，在接力器刚刚反向运动时，被控参量（频率）相对偏差 X_1 与加速度 $(dx/dt)_1$ 之比的负数称为加速度时间常数，公式如下：

$$T_n = -\frac{X_1}{(dx/dt)_1} \tag{3-8}$$

缓冲装置仅在调节系统的动态过程中起作用，在稳定状态，其输出总是会衰减到零；暂态转差系数 b_t 反映了缓冲装置的作用强度；缓冲装置时间常数 T_d 则表征其动态衰减的特性。

（二）调差率 e_p 与永态转差系数 b_p 的区别与联系

1. e_p（机组的调差率）

机组从负荷为零到最大值时，$p = f(n)$ 关系曲线的斜率的负数，称为机组的调差率 e_p。其物理意义为机组的出力由零增加到额定值时转速的变化的相对值，即

$$e_p = [(n_{max} - n_{min})/n_r] \times 100\% \tag{3-9}$$

式中　　n_{max} ——机组在空载时的转速；

　　　　n_{min} ——机组在满载时的转速；

　　　　n_r ——机组的额定转速。

2. b_p（调速器永态转差系数）

调速器的永态转差系数 b_p 反应的是调速器的静态特性，表达的是调速器的转速 n 与接力器行程 Y 的之间的关系即 $Y = f(n)$，并且此曲线斜率的负数称为调速器的永态转差系数 b_p，公式如下：

$$b_p = [(n_{max} - n_{min})/n_r] \times 100\% \tag{3-10}$$

式中　　n_{max} ——接力器行程为零时的转速；

n_{min} ——接力器为全行程时的转速；

n_r ——额定转速。

b_p 的物理意义是指接力器行程为零时的转速与接力器全行程时的转速之差与额定转速之比的相对值。

两者的区别：机组出力为零时，相应接力器行程为零，机组出力为额定值时，相应接力器行程不一定最大。

两者的联系：调速器的永态转差系数 b_p 决定了机组调差率 e_p，当调整器整定了 b_p 值后，机组的静特性也就确定了，水轮机调节系统有一确定的调差率为 e_p 的静特性。

（三）水轮机控制系统的动态特性

1. T_w（水流惯性时间常数）

物理概念是在额定水头 H_r 作用下，过水管道内的流量 Q 由零加大至额定流量 Q_r 所需要的时间。

2. T_a（机组惯性时间常数）

物理概念是在额定力矩 M_r 作用下，机组转速 n 由零上升至额定转速 n_r 所需要的时间。

3. 转速死区

给定信号恒定时，被控参量的变化不起任何调节作用的两个值间的最大区间，称为死区。当被控参量为转速时所形成的死区即为转速死区。

四、水轮机微机调速器的基本调节模式

微机调速器逻辑图如图 3 - 29 所示。

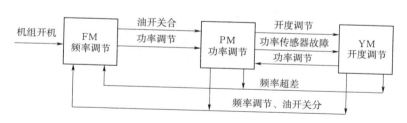

图 3 - 29　微机调速器逻辑图

机组开机进入空载工况运行时，调速器在频率调节模式下工作；机组油开关投入，并入电网工作时，调速器自动进入功率调节模式工作；机组在并入电网工作的工况下，可以人为地使调速器工作于 3 种调节模式中的任一种模式。调速器工作于功率调节模式时，若检测出机组功率传感器有故障，则自动切换至开度调节模式下工作；调速器工作于功率调节或开度调节模式时，若电网频

差偏离额定值过大，且持续一段时间，则调速器自动切换至频率调节模式工作。

五、一次调频

各机组并网运行时，受外界负荷变动影响，电网频率发生变化，此时各机组的调节系统参与调节作用，改变各机组所带的负荷，使之与外界负荷相平衡。同时，还尽力减少电网频率的变化，这一过程即为一次调频。

六、调速器频率测量方法

（一）残压测频原理

残压是利用发电机转子残存的磁场，在发电机转动起来以后，根据感应电动势公式：$E=BLv$（其中 E 为感应电动势；B 为磁感应强度；L 为切割磁感线的导线长度；v 为导线运动速度）计算出的在发电机机端产生的交流电压，自并励一般为 100V 左右。

通过交流的发电机机端电压，就可以测出当时的交流频率。利用转速公式 $n=60f/p$，就可以测出发电机的转速了。

（二）齿盘测频原理

齿盘测频原理是在水电机组的转轴上安装环形齿状设备（齿盘），齿盘测频装置由齿盘测频传感器和相应的转速信号处理器回路构成，当机组旋转时通过接近式或光电式传感器感应产生反应机组转速的脉冲信号（即系列的方波），由智能仪表测量脉冲宽度，并计算获取机组转速（由方波产生的频率就算出转速大小），完成机组转速检测、机组蠕动检测等。

七、调速器型号及主要组成部分

依据水轮机调速机及油压装置型号编制方法，调速器型号的编制一般由产品基本代码、规格代码、额定油压代号、制造厂及产品特征代号四部分组成，各部分用短横线分开，并按下列顺序排列，如图 3-30 所示。

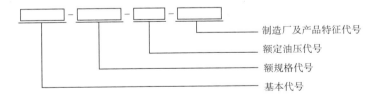

图 3-30 调速器型号说明

其中，基本代号部分一般由五部分组成，从左至右一般用字母表示产品的动力特征、调节器特征、对象类别、产品类型和产品属性。下文以甲厂水轮机调速器为例进行说明。

（一）型号示例

例如，甲厂调速器型号为DFWST-150-4.0-STARS。

含义为电动自复中式微机调速器，主配压阀直径150mm，额定工作压力4.0MPa，STARS为公司名称。

（二）主要组成部分

调速器主要组成部分包含电调柜、机调柜及油压装置等几部分，以甲厂为例，如图3-31～图3-37所示，分别为机调柜及油压装置控制盘，导叶、桨叶操作手柄（机调柜内），调速器电调柜，调速器系统压油罐、调速器系统油压装置控制盘，调速器系统机调柜，调速器系统回油箱等。

图3-31 机调柜及油压装置控制盘

图3-32 导叶、桨叶油压操作手柄

图3-33 调速器电调柜

图3-34 调速器系统压油罐

图 3-35　调速器系统油压装置控制盘　　图 3-36　调速器系统机调柜

图 3-37　调速器系统回油箱

八、调速器各部巡检注意事项

（一）调速器电调柜巡检

（1）检查电调盘交流电源监视灯亮。

（2）检查电调盘直流电源监视灯亮。

（3）电调盘故障报警灯熄灭。

（4）电调柜显示面板工况、状态指示灯与当前状态相符。

（5）电调柜工控机上故障列表无故障报警显示。

（6）导叶开限/开度、桨叶给定/开度表指示在正常范围。

（7）转速给定/转速、功率给定/功率表指示在正常范围。

（8）紧急停机报警灯熄灭。

（9）电调盘柜内无焦煳味，无冒烟、过热等现象。

（二）调速器机调柜巡检

（1）机调盘信号灯指示与实际状态相符。

（2）机调盘表计指示在正常范围内，无大的波动。

（3）调速器运行稳定，无异音、摆动、跳动现象。

（4）机调柜内各电磁阀动作良好，无过热、焦煳味，二次接线无断线等现象。

（5）伺服电机及驱动器工作正常，当机组稳定运行时，伺服电机应无大幅度、长时间频繁动作的现象，且电机无过热现象。

（6）紧急停机电磁阀在初始位置。

（7）油过滤器无堵塞，油压表指示正常，油压与压油罐压差在正常状态范围内。

（8）调速器系统各部分无严重渗油。

（三）油压装置的巡检

（1）油泵自动工作正常，运转中无异音，无剧烈振动，打压及卸载过程正常。

（2）压油罐压力、油位正常，自动补气电磁阀工作正常。

（3）回油箱油位在正常范围，内部无异音，各部无渗油。

（4）油压装置控制柜内各电源开关正常，油泵运行方式切换开关位置正确，各继电器工作正常。

（5）油压装置控制柜各切换开关位置正确。

（6）油泵切换把手在自动位置。

（7）补气切换把手在自动位置。

（8）各液压阀液压管道、接头工作正常，无渗油、漏油。

（9）供气管道及各阀门无漏气，气压正常。

第五节　励　磁　系　统

一、励磁系统概述

水轮发电机组在运行时，需要在励磁绕组中通入直流电来建立磁场，这种提供励磁电流的整套装置称为励磁系统。

励磁系统的主要任务是根据发电机的运行状态，通过改变转子绕组中的电流，改变发电机的机端电压、无功功率、功率因数等参数，以满足发电机各种运行方式的需要，而且还控制机组间无功功率的合理分配，以满足电力系统安全运行的需要。

二、励磁系统主要的励磁方式

发电机励磁系统的类型很多，励磁方式的分类方法也很多，一般可根据励磁电流供给方式的不同分为他励励磁方式和自励励磁方式两大类。具体分类如图 3 - 38 所示。

图 3 - 38　励磁方式分类图

其中，他励励磁方式是指由发电机组本身以外的电源供电的励磁系统；自励励磁方式中不设置专门的励磁机，而是通过励磁变压器或大功率电流互感器从发电机本身取得励磁电源。下面主要以甲电厂为例，进行介绍。

三、励磁系统型号及主要功能

现代水电厂大多均采用自并励励磁系统，且微机励磁调节器已广泛使用，一般水电厂的励磁系统主要是由励磁变压器、可控硅整流桥、自动励磁调节器及启励装置、转子过电压保护与灭磁装置等组成。本书以甲厂 IAEC - 2000 型励磁系统为例进行介绍。

甲电厂采用 IAEC - 2000 型智能自适应式微机励磁控制器，属于自并励励磁系统，原理如图 3 - 39 所示。

其主要功能如下：提供发电机在各种工况下的励磁电流，以维持发电机的电压在给定值；实现并列运行发电机组间无功负荷的自动分配；当机组机端电压降低到一定值时，能自动进行强励；实现发电机在正常停机或事故停机时的迅速灭磁；实现过励磁限制；实现低励磁限制；实现 V/F 限制，$f > 47Hz$ 不限制，$f \leqslant 40Hz$，自动逆变。

（1）最大励磁电流限制：设置这一限制的目的是限制励磁电流不超过允许的励磁顶值电流，以保护发电机转子绝缘及发电机安全。

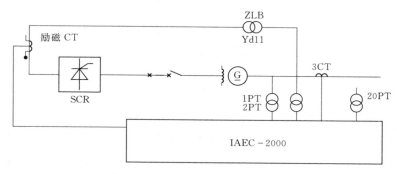

图 3-39 甲电厂励磁系统原理图

（2）强励反时限限制：为了保证转子绕组的温升在限定范围之内，不因长时间强励而烧毁，在强励达到允许持续时间时，限制器应自动将励磁电流减到长期连续运行允许的最大值。

（3）欠励限制：欠励限制主要是用来防止发电机因励磁电流过度减小而引起失步，以及因过度进相运行而引起发电机端不过热。为了防止发电机励磁电流降到稳定运行所要求的最低数值以下，必须对发电机的最小励磁电流，也就是发电机最大进相无功电流或无功功率相应地加以限制，以保证机组运行安全。欠励限制的另一个目的就是限制发电机运行在允许进相容量曲线之上，从而防止发电机定子端部过热。

（4）无功过载限制：其目的是防止人为或计算机监控系统自动增加无功过多。当发电机无功或定子过电流时，微机励磁调节器自动闭锁增磁操作，并自动适当减磁，使无功功率或定子电流回到正常允许范围之内，保证发电机的安全稳定长期运行。

（5）V/F 限制：用以防止发电机的端电压与频率的比值过高，避免发电机及其连接的变压器铁芯饱和而引起过热。发电机解列运行时，机端电压可能升的较高，频率也有可能较低，例如机组启动期间频率较低，甩负荷时电压较高等。如果 U_G/f_G 过高，则同步发电机与其相连的主变的铁芯就会饱和，使空载励磁电流加大，造成铁芯过热。V/F 限制的任务就是保证在任何情况下，将 U_G/f_G 值限制在允许的安全数值以下。

（6）TV 断线保护：其作用是监测励磁 TV 或仪表 TV 是否断线，以防止由于 TV 断线而导致的误强励。

（7）电力系统稳定器 PSS 附加控制：其作为励磁调节器的一种附加功能，它的控制作用是通过励磁调节器的调节作用而实现的。它能够有限地增加系统阻尼，抑制系统低频震荡的发生，提高电力系统的稳定性。目前大多数发电机的励磁系统上已得到了广泛的应用，已成为现代励磁调节器不可缺少的功能之一。

四、励磁系统结构图及主要各部件

励磁系统一般由四部分组成，即调节单元、功率单元、灭磁单元和过压保护单元。甲电厂励磁系统的硬件构成如图3-40所示，实物现场图如图3-41所示。

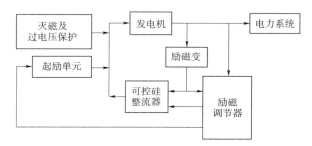

图3-40 甲电厂励磁系统结构示意图

图3-41 甲电厂励磁系统实物现场图

（一）调节单元

调节单元即励磁调节器实际上是一台微型计算机，由硬件和软件程序组成。主要是接受外设的开关量进行逻辑处理，以及根据测量的机组电压、电流、转子电流进行计算、分析、调节，发出可控硅触发脉冲控制整流器输出电流的大小，以期达到控制机端电压和机组无功功率的目的。

调节单元硬件一般具体由管理机、工控机、测量单元、逻辑控制单元和电源单元组成。

（1）管理机完成人机接口、可视化图形显示、各种参数设置、事件记录、与优化维护系统及监控系统的通信等。可查阅各种运行状态值、控制变量，控制及限制参数。故障录波功能能记录故障前 1s 及故障后 9s 的运行参数，便于事后分析与诊断，如图 3-42 所示。

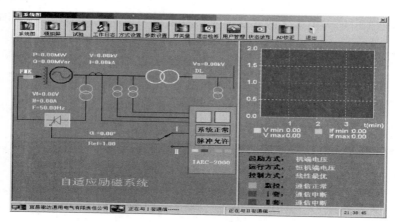

图 3-42　甲电厂励磁系统管理机控制界面图

（2）工控机即工业控制计算机，是一种采用总线结构，对生产过程进行检测与控制的工具总称。

（3）调节单元（励磁调节器）除了具有电压调节（AVR）、调差功能、励磁电流调节（FCR）等基本功能外，现代大型发电机励磁调节器一般还应具备下列辅助限制、保护功能单元。

（二）功率单元

功率单元由励磁变压器和功率柜构成，其中功率柜包括整流元件、保护元件、控制元件、散热元件等，如图 3-43、图 3-44 所示。

图 3-43　励磁系统可控硅整流装置

图 3-44　可控硅整流装置冷却器示意图

（三）灭磁单元

由灭磁开关和非线性灭磁电阻等组成，如图 3-45、图 3-46 所示。机组正常停机时一般采用逆变灭磁，故障情况下可采用带灭弧栅的灭磁开关灭磁。

图 3-45 励磁系统灭磁开关

图 3-46 非线性灭磁电阻及过压保护装置

（四）过压保护单元。

为了防止发电机运行和操作过程中产生危及励磁绕组的过电压，装设了过电压保护装置，如图 3-46 所示。这是一种过电压自动电阻的保护，正常运行时不投入；当转子回路出现过电压时，在转子励磁绕组两端自动接入电阻，以抑制转子回路过电压，保护发电机绝缘和励磁装置的安全运行。

五、励磁系统运行方式

（一）启励方式

（1）甲厂启励电源取自厂用直流系统，当机端电压大于 $10\% U_e$ 自动切换到励磁变供电。

（2）启励方式由管理机"方式设置"主菜单中的"启励方式"框选择设置。可以分别设置为"恒机端电压""恒转子电流""跟踪系统电压"三种方式。

（3）恒机端电压启励：甲电厂机组正常运行时的启励方式，启励电压默认值为 $100\% U_e$，可以通过管理机分别按 10%、25%、50%、80%、100% 五种给定值启励。这种方式特别适合发电机递升加压和空载特性试验。

（4）恒转子电流启励：以转子电流为给定值，默认给定值为 $10\% I$，可通过增、减磁按钮调整给定值。

（5）跟踪系统电压启励：以系统电压作为启励给定值，给定值是不可调整的，但可以达到发电机快速并网的目的。

（二）运行方式

（1）运行方式由管理机"方式设置"主菜单中"运行方式"框选择设置。

可以分别设置为"恒机端电压运行""恒励磁电流运行""恒无功功率运行""恒功率因数运行"和"恒触发角运行"五种方式。

（2）恒机端电压运行：甲电厂励磁系统的正常运行方式，以机端电压为调节对象，发电机转子电流也会随电压调节而变化。

（3）恒转子电流运行：以发电机转子电流为调节对象，始终维持发电机转子电流为恒定值，没有强励功能。

六、励磁系统的巡检注意事项

（1）盘面选择开关、操作把手位置正确，与运行方式相符。

（2）管理机上无报警信号，各数值在正常范围内，Ⅰ、Ⅱ套调节器数据基本一致。

（3）盘柜内继电器无过热现象，接点无抖动。

（4）励磁柜无功功率表、机端电压表指示正常。

（5）Ⅰ、Ⅱ套调节器电源指示灯、运行信号灯、脉放电源指示灯亮，报警指示灯熄灭。

（6）各功率柜直流电流表指示正确，均流情况良好。

（7）可控硅无过热现象，运行无异声。

（8）风机运行情况与工况相符，运行无异音。

（9）操作电源、控制电源、启励开关位置正确，无脱扣现象。

（10）灭磁开关位置指示正确，过压保护柜无报警指示。

（11）励磁变运行声音正常，温度指示在正常范围内。

（12）励磁系统母线、控制线、开关、刀闸无发热现象，接头无松动，焊点无松脱。

第六节 监 控 系 统

一、计算机监控系统概述

水电厂计算机监控系统就是利用计算机对水电厂生产过程进行自动检测、控制的系统。水电厂早期产品主要用于取代硬布线继电器逻辑装置、辅助常规监测装置，实现监测控制功能。随着计算机和微处理技术的发展，逐步形成了较为完善的以计算机为基础的监控系统。

（一）基本原理

水电厂计算机监控系统原理框图如图 3 - 47 所示。

计算机监控系统通过输入/输出（I/O）通道，从水电厂生产过程取得电气

量（例如电压、电流、功率）、非电
气量（例如水位、温度、位移、压
力）和状态量（例如断路器状态、
继电保护触点状态）等的实时数据，
经运算分析作出调节和控制决策，
并通过 I/O 通道作用于水电厂的调
节和控制装置，实现对水电厂主要
设备的自动调节和控制。例如，水
轮发电机组的启、停，有功（无功）
功率的调节，闸门的开、闭，断路

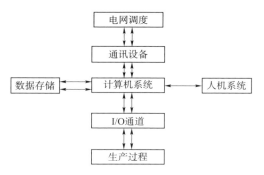

图 3 - 47　水电站计算机监控系统原理框图

器的合、跳以及隔离开关的投、切等。通过通信设备，计算机系统可将水电厂
实时运行参数和主要设备的运行状态传送到电网调度中心，同时也可接受电网
调度中心的调度命令，改变水电厂的运行方式和设备的运行参数。另一方面，
通过人机交互系统，如显示器和打印机等，以图形显示和打印记录等形式，为
现场运行人员提供和记录水电厂运行的实时情况。运行人员也可以通过人机联
系设备，如操作键盘和彩色屏幕显示器，以人机对话的方式，对电厂生产进行
人工控制及调节等操作。

（二）结构模式

水电厂计算机监控系统有各种不同的结构模式，一般可根据采用的控制方
式来划分。从控制方式上看，可分为集中式监控系统、分散式监控系统、分层
分布式监控系统和全分布全开放式监控系统。

（三）主要功能

水电厂计算机监控系统的性能，主要决定于功能设置、结构形式以及硬件
和软件的配置。上述三个方面，通常是根据电厂的规模及电厂在电力系统中的
地位等因素决定的。对于不同类型的水电厂，计算机监控系统的功能有所不同，
一般来说应有以下功能的部分或全部：电厂主设备运行参数与状态监测、机组
及其他设备的自动顺序操作、自动发电控制（AGC）、自动电压控制（AVC）、
画面显示、制表打印、历史数据存储、人机联系、时间顺序记录等。

（四）相关术语释义

（1）操作员工作站：运行值班人员与监控系统的人机联系设备，用于监视
与控制。

（2）工程师工作站：维护工程师与监控系统的人机联系设备，用于调试、
修改程序等。

（3）主机：监控系统的实时数据及历史数据服务器。

（4）测点：数据采集点，包括从现场采集和外部链路数据等。

（5）网控：监控系统与电网调度相关功能的控制权转移至电网调度。

（6）梯控：监控系统与梯级调度相关功能的控制权转移至梯级调度。

（7）站控：监控系统的控制权在电厂的厂站层。

（8）现地控制：监控系统控制权在现地，设备由现地控制单元唯一控制。

（9）自动发电控制（AGC）：在满足限制条件的前提下，以安全、经济的方式实时控制全厂机组的有功功率分配，满足电力系统的需要。

（10）自动电压控制（AVC）：在满足限制条件的前提下，实时自动调整优化分配全厂机组的无功功率，以满足电力系统的需要。

（11）厂站层设备：水电厂监控系统中央控制级设备，包括主机和工作站等设备。

（12）现地控制单元：对按单元划分的机电设备进行现地控制的装置。

二、计算机监控系统分类

水电厂计算机监控系统分类一般可以根据计算机的作用、配置、系统结构、控制的层次、功能及操作方式等不同原则来划分。

（一）按计算机的作用分类

（1）以计算机为辅、常规设备为主的监控系统。

（2）以计算机为主、常规设备为辅的监控系统。

（3）取消常规设备的监控系统，即全计算机监控系统。

（二）按计算机的配置分类

（1）单计算机系统。

（2）双计算机系统或双计算机系统带前置机系统。

（3）多计算机系统或多计算机系统带前置机系统。

（三）按计算机的系统结构分类

（1）集中式计算机监控系统。

（2）分布式计算机监控系统。

（四）按控制的层次分类

（1）直接式计算机监控系统。

（2）分层式计算机监控系统。

（五）按功能与操作方式分类

（1）专用型计算机监控系统。

（2）集成型计算机监控系统。

三、水电厂计算机监控系统常用计算机类型

水电厂计算机监控系统常用的计算机类型有工业级微型计算机（即工控机

IPC)、可编程控制器 PLC 和单片机。

（1）工控机是工业级的个人计算机，硬件结构基本与个人微机相同，工控机的硬件结构可分为三种：第一种类似于普通的台式个人微机，称为普通型工控机；第二种是一体化工控机；第三种是模块化工控机。工控机在水电厂计算机监控系统中主要作为上位机、前置计算机，其数据存储、管理能力较强，人机界面友好，电站运维人员容易掌握。从工控机性能而言，也可用作现地控制单元计算机。

（2）可编程控制器（PLC）是种专门为在工业环境下应用而设计的数字运算操作电子系统。它采用一种可编程的存储器，在其内部存储执行逻辑运算、顺序控制、定时、计数和算术运算等操作的指令，通过数字式或模拟式的输入输出来控制各种类型的机械设备或生产过程。水电厂很多设备的控制均是顺序控制，而 PLC 很适合顺序控制，因此 PLC 在水电厂计算机监控系统中应用面很广，主要用在水轮发电机自动控制、励磁系统控制和附属设备控制等。

（3）单片机是一种集成电路芯片，是采用超大规模集成电路技术把具有数据处理能力的中央处理器 CPU、随机存储器 RAM、只读存储器 ROM、多种 I/O 接口和中断系统、定时器/计数器等功能（可能还包括显示驱动电路、脉宽调制电路、模拟多路转换器、A/D 转换器等电路）集成到一块硅片上构成的一个小而完善的微型计算机系统，在工业控制领域广泛应用。在水电厂计算机监控系统中主要应用于温度检测、故障诊断等。

四、H9000 系列水电站计算机监控系统简介

H9000 计算机监控系统是由北京中水科水电科技开发有限公司（中国水利水电科学研究院自动化所）开发完成的新一代面向对象的网络型计算机监控系统，是面向水利水电工程监控与自动化应用而研制开发的全新的分布开放式计算机控制系统，它结合了当代国内外最新计算机硬件产品、软件产品、网络技术、实时工业控制产品与未来发展趋势，系统具有良好的可靠性、可变性、可扩充性和可移植性，支持异型机互联。目前，H9000 计算机监控系统已被广泛地应用于 260 多个各类大中小型水利水电自动化工程，如三峡右岸、黄河上游梯级集控、东北白山梯级及白山蓄能、湖南五强溪、浙江乌溪江梯级、贵州东风、乌江渡及扩机、陕西安康、北京密云等大中型水电站，已经有 200 多套完整系统三年以上的成功运行经验。

（一）系统总体结构

H9000 系列计算机监控系统是一个面向水利水电应用的分布开放控制系

统，采用面向网络的分布式结构，具有良好的扩充性，可根据用户的需要，灵活配置，例如可配置成地简单的单机单网系统，或配置为多机多网冗余系统配置，也可配置成多厂的复合网络系统。考虑到电站监控系统与梯级集控中心系统的兼容问题，H9000 V4.0 系统在信息地址编码设计中考虑了电站级的地址编码。在具体的系统设计和功能配置方面，H9000 系统一般分为电站控制层和现地控制层两层。对于梯级水电站的远方集控系统，则可再设一个梯级集控层。

（二）电站控制层结构

根据系统可靠性或功能要求，电站控制层可配置一至两台数据库服务器，完成系统的应用计算与历史数据库管理工作，一至多台人机联系工作站，实现生产过程的监视与控制，实现对电站的自动管理。系统设有若干台通信服务器，负责本系统同其他系统的通信，如网调、省调、水情测报系统以及电厂内部的其他智能数据采集功能装置等。电站控制层还可选配事故语音报警装置，可同电话系统、传呼系统联网，作为水电站"无人值班"（少人值守）自动化系统的必备选件。另外，还可设置工程师工作站，培训仿真工作站，厂长终端等。H9000 计算机监控系统典型结构如图 3-48 所示。

（三）梯级控制层结构

梯级集控层的系统结构及硬件配置与电站控制层差异不大，一般差别仅在于硬件的性能指标应更高一些，如数据库服务器，设备的数量更多一些，如操作员站，在功能方面的重点是流域的发电计划与经济运行 EDC、梯级 AGC 等。

（四）现地控制单元结构（LCU）

现地控制单元层采用按单元分布的原则，一般每台发电机变压器组各设一个 LCU，开关站设一个 LCU，厂用电及全厂公用设备共设一个 LCU，闸门控制设一套 LCU。若有模拟屏，则应设一个模拟屏驱动 LCU，如图 3-49所示。

根据机组装机容量的大小，机组现地有人值班与否，对 LCU 的可靠性要求也不同。为提高 LCU 的可靠性，一般可采用结构冗余的方式。可在影响 LCU可靠性的每一个环节采取改进措施，如 CPU、I/O 机箱电源、通信模块、I/O模块、机柜电源等，可进行双冗余配置。根据目前应用经验，一般采用较多的冗余措施有双 CPU 配置，I/O 机箱配置冗余电源，机柜采用交直流电源供电，双通信模块或接口等。对于特大型机组，为了减轻 PLC 主 CPU 的负担，机组测温系统可单独设置 CPU，与主 CPU 采用现地总线通信连接。

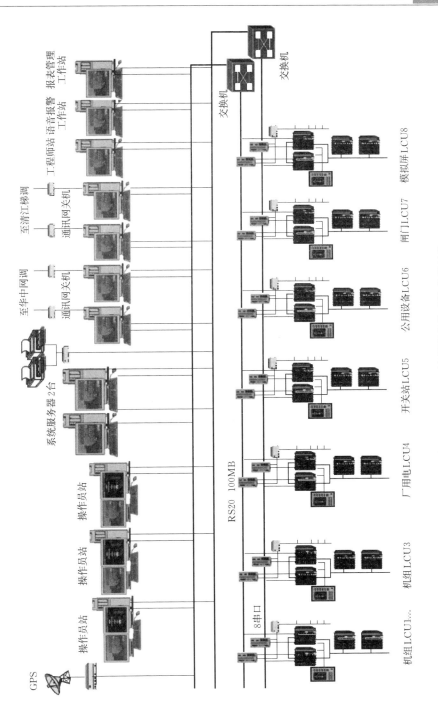

图 3 - 48 H9000 计算机监控系统典型结构

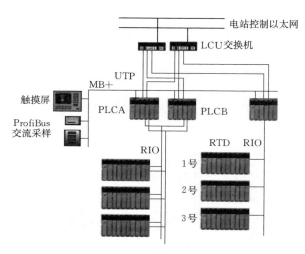

图 3-49　现地控制单元（LCU）结构示意图

五、同期装置

正常情况下，水轮发电机组是与电力系统中的其他发电机组并列运行的。同步发电机投入电力系统参加并列运行的操作称为并列操作或同期操作。用于完成并列操作的装置称为同期装置。同期并列是水电厂一项重要且经常进行的操作。

交流电源存在三要素：电压、频率、相位。所以待并列的电源，电压、频率、相位要一致，称为同期操作。水轮发电机组的并列有两种方式，即自同期和准同期。

（一）自同期

采用此种方式时，先打开导叶开启机组，当转速接近额定转速时，直接合机组出口断路器，连接机组和母线（系统），再加励磁，在系统的作用下，使机组进入同步运行状态。

自同期特点如下：操作简单，机组并列快，不会造成非同期合闸；合闸瞬间，机组会产生很大的冲击电流，对机组和系统会产生强烈的冲击，所以一般只适用于小机组。而目前一般不采用自同期方式。

（二）准同期

采用此种方式时，先打开导叶开启机组，当转速满足条件时，加励磁。待电压、相位、频率满足要求后，发合闸命令，使机组并列上网发电。自动准同期是目前水轮发电机组主要的并列方式。

准同期特点如下：机组不会产生冲击电流（或很小），对系统影响小；操作要复杂些，手动准同期对运行人员要求较高，可能造成非同期合闸，从而烧坏机组或造成系统故障；可以用于线路同期操作。

（三）导前时间和导前相角

（1）导前时间：装置发出合闸脉冲的瞬间至运行系统电压与待并系统电压同相位的时间间隔。导前时间整定范围一般在 $0.05\sim0.8s$ 之间选取。

（2）导前相角：装置发出合闸脉冲至运行系统与待并系统同相位时导前的角度称为导前相角。若装置设有频差闭锁的导前相角整定，其整定范围一般为 $0°\sim45°$。

（四）频率差和电压差

（1）允许发出合闸脉冲的频率差（简称频差）：装置检测运行系统与待并系统之间的频率差，允许发出合闸脉冲的频差整定范围一般应在 $1/16\sim1/2Hz$ 之间选取。

（2）允许发出合闸脉冲的电压差：装置检测运行系统与待并系统之间的电压差，允许发出合闸脉冲的电压差整定范围一般应在 $\pm3\%\sim\pm10\%$（或 $\pm5\%\sim\pm10\%$）额定电压之间选取。

六、计算机监控系统巡视检查项目

（1）运行值班人员应定期对监控系统设备进行巡回检查，发现缺陷应及时汇报，填写设备缺陷记录，并及时联系消缺。

（2）运行值班人员的巡回检查项目应包括监控系统有关画面、外围设备（包括打印机、语音报警系统等）、电源系统、现地控制单元等。

（3）在巡回检查中，对一些重要模拟量、温度量的越限报警应及时核对其限值。

（4）对重要画面应定时检查和定期分析。运行值班人员对监控系统画面的巡回检查应包括以下内容：监控系统拓扑图及网络信息画面；主接线及相应主设备实时数据；厂用电系统运行方式；非电量监测系统与相关分析；事件报警一览表；故障报警一览表；机组各部温度画面；机组油、气、水系统运行画面；机组振动与摆度等非电量监测画面；机组单元接线图；各现地控制单元光字画面。

（5）监控系统外围设备及电源系统的检查应包括以下内容：UPS 电源设备的环境温度、UPS 系统故障报警信息；打印机工作状态；语音报警工作站运行状态。

（6）现地控制单元巡检应包括以下内容：现地控制单元环境温度；盘柜风机运转情况；现地控制单元故障报警信息；现地控制单元盘柜内各电源开关状态；现地控制单元盘柜内各设备的指示灯或表计显示状况。

第七节 继电保护系统

一、继电保护概述

电力系统在运行中，由于各种原因（包括外部和内部的原因，例如短路、断线、过电压等），可能引起各种故障或者不正常的工作状态，进而引起系统事故，导致对用户不能正常供电，或者损坏设备，给国民经济带来巨大损失。为此，在电气设备和输电线路上装有具有保护作用的自动装置，这种装置就称为继电保护装置。

继电保护装置主要是利用电力系统中元件发生短路或异常情况时的电气量（电流、电压、功率、频率等）的变化构成继电保护动作的原理，还有其他的物理量，如变压器油箱内故障时伴随产生的大量瓦斯和油流速度的增大或油压强度的增高。大多数情况下，不管反映哪种物理量，继电保护装置都包括测量部分（和定值调整部分）、逻辑部分、执行部分。

（一）继电保护的作用

继电保护装置是能够反映电力系统中电气元件发生的故障或不正常运行状态，并动作于断路器跳闸或发出信号的一种自动装置。它的作用主要如下：

（1）能自动地、迅速地、有选择地将故障从系统中切除，保证无故障设备迅速恢复正常运行，并使故障设备免于继续遭受破坏。

（2）反映电气设备的不正常状态，可作用于信号或跳闸。

（3）缩小事故范围，提高系统运行的稳定性和可靠性，从而最大限度地保证用户的安全和连续性。

（二）继电保护的基本要求

1. 选择性

保护装置动作时，仅将故障元件从电力系统中切除，使停电范围尽量缩小。即跳开离故障位置最近的断路器。

2. 速动性

所谓速动性，就是发生故障时，保护装置能迅速动作切除故障。对不同的电压等级要求不一样，对 110kV 及以上的系统，保护装置和断路器总的切故障时间为 0.1s，因此保护动作时间只有几十毫秒（一般 30ms 左右），而对于 35kV 及以下的系统，保护动作时间可以为 0.5s。

3. 灵敏性

继电保护的灵敏性，是指对于其保护范围内发生故障或不正常运行状态的反应能力。其灵敏性有的保护是用保护范围来衡量，有的保护是用灵敏系数来衡量。

4. 可靠性

保护装置的可靠性是指在该保护装置规定的保护范围内发生了它应该动作的故障时，其不应该拒绝动作，而在任何其他该保护不应该动作的情况下，则不应该误动作。简单说就是：该动的时候动，不该动的时候不动。该动的时候不动是属于拒动，不该动的时候动了是属于误动。不管是拒动还是误动，都是不可靠。

（三）继电保护装置的基本任务

（1）自动、迅速、有选择性地将故障元件从电力系统中切除，使故障元件免于继续遭到损坏，保证其他无故障部分迅速恢复正常运行，即内部故障时发出跳闸命令。

（2）反应电气元件的不正常运行状态，根据运行维护的具体条件（例如有无经常值班人员）和设备的承受能力，发出警报信号、减负荷或延时跳闸，即不正常工作时发出告警信号。

二、继电保护基本原理和装置组成

继电保护的基本原理的核心是区分正常运行和故障或不正常运行状态。正确区分正常运行和故障或不正常运行状态，当确认被保护设备发生内部故障或不正常运行状态时，发出跳闸命令或告警信号。

必须利用电力系统在正常运行和故障或不正常运行状态时，其电气量（如电流、电压、阻抗等）的不同来加以区分。

（一）继电保护的基本原理

电力系统及其设备发生故障，往往伴有电流增大，电压降低，电流与电压相位角改变等现象。利用故障时这些参数改变，就可以构成不同原理的继电保护装置。

（二）继电保护装置的组成

如图 3-50 所示，继电保护装置一般由三部分组成，即测量回路（测量被保护对象的工作状态的一个或几个物理量）、逻辑回路（根据测量回路的输出量，判断被保护对象的状态，决定保护装置是否应该动作）和执行回路（根据逻辑部分的判断，执行保护应有的动作行为，给出信号、跳闸或不动作）。

（1）测量部分：测量有关电气量，与整定值比较，给出"是""非""大于""不大于""等于""0""1"性质的一组逻辑信号，判

图 3-50 继电保护原理框图

断保护是否应该启动。

（2）逻辑部分：根据测量部分各输出量的大小、性质、出现的顺序或它们的逻辑组合，确定是否应该使断路器跳闸或发出报警信号，并将有关命令传达给执行部分。

（3）执行部分：根据逻辑部分的结果，立即或延时发出报警信号和跳闸信号（故障、不正常运行时）。

（三）继电保护装置配置的一般要求

（1）当装设双重化数字式保护装置时，应满足如下要求：

1）应配置两套完整、独立的继电保护装置，每套保护装置应能处理可能发生的所有类型的故障。

2）两套保护装置之间不应有电气联系，其中一套保护故障或退出时不应影响另一套保护的运行。

3）宜将主保护（包括纵、横联保护等）及后备保护综合在一套保护装置内。

（2）对仅配一套主保护的设备，应采用主保护与后备保护相互独立的装置。

（3）为了有利于性能配合和运行管理，同一水电厂内的继电保护装置的形式、品牌不宜过多。

（4）使用于 220kV 及以上电压或 100MVA 及以上容量的变压器、电抗器的非电量保护应相对独立，并具有独立的电源回路和跳闸出口回路。

三、继电保护分类

继电保护可按以下 4 种方式分类。

（一）按被保护对象分类

有输电线保护和主设备保护（如发电机、变压器、母线、电抗器、电容器等保护）。

（二）按保护功能分类

有短路故障保护和异常运行保护。前者又可分为主保护、后备保护和辅助保护；后者又可分为过负荷保护、失磁保护、失步保护、低频保护、非全相运行保护等。

1. 主保护

当被保护设备或线路发生某一种短路故障时，可能有几套保护装置同时能正确反映，其中某套保护以最快速度有选择地切除这一故障，则该套保护称为该设备或线路对这种短路故障的主保护。

2. 后备保护

当主保护或断路器拒动时，由独立于主保护以外的以稍长时限切除故障的一种保护。后备保护又分为近后备保护和远后备保护两种。

（1）近后备保护。当主保护拒动时，由本设备或线路的另一套保护实现的后备保护；或当断路器拒动时，由失灵保护实现的后备。

（2）远后备保护。当主保护拒动时，由相邻元件的保护实现的后备。

3. 辅助保护

辅助保护是为了补充主保护和后备保护在性能上不足或主保护或后备保护退出运行时而增设的简单保护。

（三）按保护装置进行比较和运算处理的信号量分类

有模拟式保护和数字式保护。一切机电型、整流型、晶体管型和集成电路型（运算放大器）保护装置，它们直接反映输入信号的连续模拟量，均属模拟式保护；采用微处理机和微型计算机的保护装置，它们反映的是将模拟量经采样和模/数转换后的离散数字量，这是数字式保护。

（四）按保护动作原理分类

有过电流保护、低电压保护、过电压保护、功率方向保护、距离保护、差动保护、高频（载波）保护等。

四、水电厂主要设备的故障类型

（一）发电机的主要故障类型

（1）定子绕组相间短路。危害最大，定子内部没有发生三相对称短路的可能性，相间短路通常也是单相接地故障没有及时处理发展成两个接地点形成的。直接的相间短路很少（采用纵差保护）。

（2）定子一相绕组内的匝间短路，可能发展为单相接地短路和相间短路（采用横差保护或匝间保护）。

（3）定子绕组单相接地。最易发生，由于首先会发生绕组线棒和定子铁芯绝缘破坏，可造成铁芯烧伤或局部熔化，因此单相接地故障（非短路性故障）首先发生，占定子故障的 $70\%\sim80\%$（采用定子接地保护）。

（4）转子绕组一点接地或两点接地。一点接地时危害不严重；两点接地时，因破坏了转子磁通的平衡，可能引起发电机的强烈震动或将转子绕组烧损（采用转子接地保护）。

（5）转子励磁回路励磁电流异常下降或完全消失。从系统吸收无功功率，造成失步，从而引起系统电压下降，甚至可使系统崩溃（采用失磁保护）。

（二）变压器主要故障类型

1. 油箱内部故障

（1）变压器绕组相间短路。

（2）变压器绕组匝间短路。

（3）变压器绕组接地短路。

变压器油箱内部故障产生较大的短路电流，不仅会烧坏变压器绕组和铁芯，而且由于绝缘油汽化，可能引起变压器外壳变形甚至爆炸。

2. 油箱外部故障

（1）绝缘套管相间短路与接地短路。

（2）引出线上的发生的相间短路和接地短路。

（三）母线的主要故障类型

母线是发电厂和变电站的重要组成部分之一，母线也称为汇流排，是汇集电能及分配电能的重要设备。

在大型发电厂和枢纽变电所，母线连接单元众多，主要连接元件除出线单元之外，还有 TV、电容器等。母线发生故障的原因和故障类型也很多，主要有以下几种：一是母线所连设备故障，如断路器、电流互感器、电压互感器、避雷针等；二是母线绝缘子，包括隔离开关、支持瓷瓶闪络或母线的带电导线直接闪络；三是人为操作失误和作业不当引起的故障。

（四）输电线路的主要故障类型

输电线路是联系电力系统的发电站、变电站及电力用户的纽带，大部分输电线路是户外式的，工作环境相对恶劣。输电线路的主要故障类型有相间短路、单相接地、单相短路等。

五、发电机保护

（一）发电机纵差动保护

发电机纵差动保护是发电机定子绕组及其引出线相间短路的主保护，可以无延时地切除保护范围内的各种故障，同时又不反应发电机的过负荷和系统振荡，且灵敏系统较高。测量原理是在保护区两端形成 CT 二次电流的差电流。比较发电机两端电流大小和方向，当达到整定值时启动保护动作。

目前，发电机纵差动保护均采用由三个差动元件构成的分相差动保护，保护出口方式有单相出口方式和循环闭锁出口方式两种。

单相出口方式，其逻辑框图如图 3-51 所示，只要一相差动元件动作，保护即作用于出口，但需设置专门的 TA 断线判别，TA 断线时闭锁差动保护。

（二）发电机（定子）匝间保护

由于纵差动保护不反应发电机定子线圈一相匝间短路，因此，发电机定子线圈一相匝间短路后，如不能及时处理，则可能发展成为相间短路，造成发电机的严重损坏。因此在发电机上一般应装设定子匝间短路保护。根据发电机匝

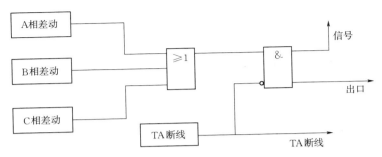

图 3-51　单相出口方式的发电机纵差动逻辑框图

间短路的各种特点，有不同原理的匝间短路保护方案，其中微机型发电机匝间短路保护目前较为常见，逻辑框图如图 3-52 所示。

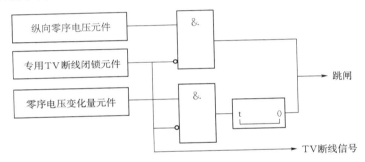

图 3-52　微机型发电机匝间短路保护逻辑框图

　　微机型发电机匝间短路保护采用零序电压原理构成，为提高保护的灵敏度，引入三次谐波电压变化量进行制动，构成三次谐波电压变化量制动的零序电压匝间保护。"零序"电压取自机端专用 PT 的开口三角形绕组，该专用 PT 采用全绝缘 PT，其一次侧中性点与发电机中性点通过高压电缆相连而不接地，"零序"电压中的三次谐波不平衡量由三次谐波滤过器滤除。为准确、灵敏反映内部匝间故障，同时防止外部短路时保护误动，本保护多以纵向"零序"电压中三次谐波增量变化来区分内外故障。保护分两段：

　　（1）Ⅰ段为次灵敏段：动作值必须躲过任何外部故障时可能出现的基波不平衡量，保护瞬时出口。

　　（2）Ⅱ段为灵敏段：动作值可靠躲过正常运行时出现的最大基波不平衡量，并利用"零序"电压中三次谐波不平衡量的变化来进行制动。保护可带 $0.1 \sim$ $0.5\mathrm{s}$ 延时出口以保证可靠性。为防止专用 PT 断线时保护误动，保护采用可靠的电压平衡继电器作为 PT 断线闭锁环节。

（三）定子接地保护

1. 基波零序电压定子绕组单相接地保护

基波零序电压式定子绕组单相接地保护，即 $3U_0$ 定子接地保护：保护反映发电机零序电压大小，保护用的基波零序电压 $3U_0$ 取自发电机机端电压互感器开口三角形绕组两端，也可以取自发电机中性点单相电压互感器（或配电变压器或消弧线圈）的二次侧。当零序电压式定子接地保护的输入电压取自机端电压互感器的开口三角形绕组时，为确保 TV 一次断线是保护不误动，一般可引入 TV 断线闭锁，逻辑框图如图 3-53 所示。

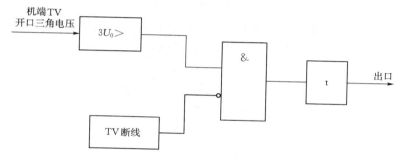

图 3-53　零序电压式定子接地保护逻辑框图

2. 发电机三次谐波电压式定子接地保护

三次谐波电压式定子接地保护的机端三次谐波取自机端电压互感器的开口三角形绕组，中性点三次谐波电压取自发电机中性点单相电压互感器（或配电变压器或消弧线圈）的二次侧，逻辑框图如图 3-54 所示。

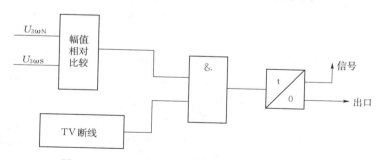

图 3-54　三次谐波电压式定子接地保护逻辑框图

（四）转子一点接地保护

为确保发电机组的安全运行，当发电机转子绕组或励磁回路发生一点接地后，应立即发出信号，并尽快处理，防止再发生第二点接地。

1. 叠加直流式转子一点接地保护

在发电机转子绕组的一极（正极或负极）与大轴之间，加一个直流电压，通过计算直流电压的输出电流，来测量转子绕组或励磁回路的对地绝缘。在正常情况下，发电机转子绕组或励磁回路不接地，外加直流电压不会产生电流，当转子绕组或励磁回路发生一点接地时，则外加直流电压通过部分转子绕组、接地电阻、发电机大轴构成回路，产生电流，通过测量计算装置电流的大小，就可计算出接地电阻值。

2. 乒乓式转子一点接地保护

乒乓式转子一点接地保护原理是在发电机运行时，通过可控的电子开关轮流闭合和断开，测量转子绕组正极、负极的对地电流，通过求解两个不同的接地回路方程，实时计算转子接地电阻阻值和接地位置。

（五）发电机失磁保护

失磁保护作为发电机励磁电流异常下降或完全消失的失磁故障保护。发电机失磁的原因有励磁回路断开、短路或励磁机励磁电源消失，采用半导体励磁系统时半导体元件、回路故障或转子绕组故障等。水轮发电机组一般失磁保护动作后，多跳闸停机，以保证发电机和系统安全。

失磁保护可以根据发电机失磁后定子回路参数变化的特点构成不同原理的失磁保护，水轮发电机组阻抗型失磁保护的逻辑框图如图 3-55 所示，图中阻抗元件 Z 是失磁故障的主要判别元件，按静稳边界或按异步边界整定。

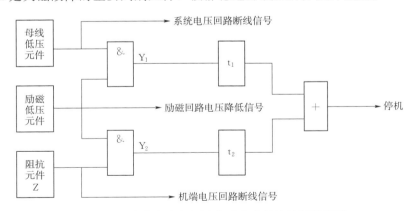

图 3-55　水轮发电机组阻抗型失磁保护的逻辑框图

（六）发电机负序过流保护

小阻抗或直接接地系统的单相短路、两相短路、架空线导体断线或断路器触头损坏都将在三相发电机中引起严重的不对称负荷。不对称旋转磁场用对称分量法分解成正序分量和负序分量，其中负序分量将在转子中产生倍频电流，在阻尼棒中产生不允许的温升。当负序电流大于动作整定值时发信号，超过延时后作用出口。分定时限和反时限两种：

（1）定时限：动作电流按躲过发电机长期允许的负序电流值和最大负荷下负序电流滤过器不平衡电流值整定，动作发信号。

（2）反时限：按发电机承受负序电流能力确定，动作解列灭磁。电流和时间成反时限关系，能模拟定子或者转子热积累过程。

（七）发电机（定子）过负荷保护

保护反映发电机定子电流的大小。过负荷保护通过对被保护设备的精确热学模拟，以保护设备由于过负荷引起的不正常温升，一旦到达定值，可以选择切除故障部分或提供告警信号。

（八）发电机（定子）过电压保护

保护反映三相发电机机端电压幅值的大小。主要用于防止水轮发电机突然甩去负荷时由于调速器动作缓慢引起的发电机端电压升高对绝缘的危害。

六、变压器保护

（一）变压器纵差保护

大型变压器的微机型纵差保护，一般由分相差动元件、涌流闭锁元件、差动速断元件、过励闭锁元件及 TA 断线信号（或闭锁）元件构成。涌流闭锁方式可采用"分相"闭锁或采用"或门"闭锁方式。其逻辑框图分别如图 3-56 和图 3-57 所示。

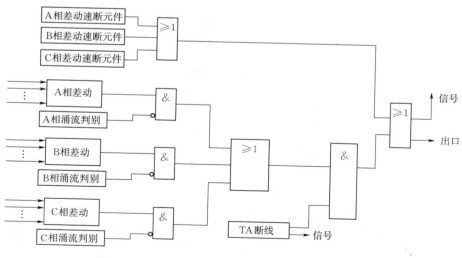

图 3-56 "分相"闭锁式变压器纵差保护逻辑框图

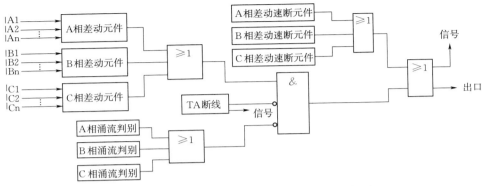

图 3-57 "或门"闭锁变压器纵差保护逻辑框图

涌流"分相"闭锁方式是指某项的涌流闭锁元件只对本相的差动元件有闭锁作用，而对其他相无闭锁作用。而涌流"或门"闭锁方式是指在三相涌流闭锁元件中，只要有一相满足闭锁条件，立即将三相差动元件全部闭锁。

（二）变压器零序过流保护

对于中性点可接地或者不接地运行的变压器，针对接地运行方式，需装设零序电流保护。在变压器中性点接地时，反映接地故障电流大小，当故障电流超过整定值时来使保护动作。

（三）变压器零序电压保护

为中性点直接接地系统中并列运行的中性点不接地（经放电间隙接地）变压器的过电压保护，主变零序电压保护接变压器高压侧绕组。

针对不接地运行，为防止电网单相接地点可能出现的间隙性电弧，引起过电压损坏变压器，故需装设零序过电压保护。

（四）变压器间隙保护

间隙保护的作用是保护中性点不接地变压器中性点绝缘安全的。在变压器中性点对地之间安装一个击穿间隙。在变压器不接地运行时，若因某种原因变压器中性点对地电位升高到不允许值时，间隙击穿，产生间隙电流。保护经延时切除变压器。

间隙保护压板在中性点接地之前要首先退出，才能合中性点接地刀闸，因为间隙保护特别是间隙电流保护动作值很小，而接地保护电流值相对较大，在合接地刀闸时候有可能因为中性点有不平衡电流而引起间隙保护误动。

（五）变压器过电流保护

过电流保护主要用于降压变压器，作为防止外部相间短路引起的变压器过电流和变压器内部相间短路的后备保护，保护动作后，延时跳开变压器两侧的断路器。对于单侧电源的变压器，过电流保护的电流互感器应安装在电源侧，保护可引入三相电流或一相电流，保护的启动电流按躲过变压器可能出现的最大负荷电流来整定。

（六）变压器复合电压过电流保护

复合电压过电流保护适用于升压变压器、系统联络变压器及过电流保护不能满足灵敏要求的降压变压器。

复合电压过流保护由复合电压元件、过流元件及时间元件构成，作为被保护变压器及相邻设备相间短路故障的后备保护。复合电压元件由反映不对称短路的负序电压元件和反映对称短路接于相间电压的低电压元件组成。为提高保护的动作灵敏度，保护的接入电流一般取自变压器电源侧 TA 二次三相电流，接入电压为变压器负荷侧 TV 二次三相电压。逻辑框图如图 3-58 所示。

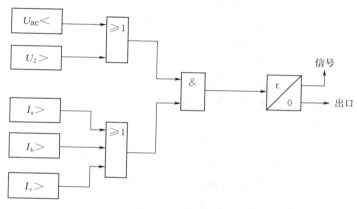

图 3-58 复合电压过流保护逻辑框图

（七）变压器轻、重瓦斯保护

瓦斯保护是变压器油箱内绕组短路故障及异常的主保护。其作用原理是：当变压器内部故障时，在故障点产生偶电弧的短路电流，造成油箱内局部过热并使变压器油分解、产生气体（瓦斯），因气体较轻，会从油箱流向油枕上部。当故障严重时，油会迅速膨胀并产生大量气体，此时将有大量的气体夹杂着油流冲向油枕上部，进而造成喷油、冲动气体继电器，瓦斯保护动作。瓦斯保护分轻瓦斯保护和重瓦斯保护两种。一般轻瓦斯保护作用于信号，重瓦斯保护作用于切除变压器。

（八）变压器油位异常保护

油位保护是反映主变油箱内油位异常的保护。一方面，主变正常运行时因变压器漏油或其他原因使油位降低而保护动作报警。另一方面，当主变内部温度升高时，温度保护报警。变压器油位过低可能造成瓦斯保护误动，严重缺油时，变压器内部线圈暴露，可能造成绝缘损坏击穿事故。另外，处于备用的变压器严重缺油使线圈暴露则容易吸潮，并使线圈绝缘下降。

（九）变压器压力释放保护

压力释放保护是变压器内部故障的主保护，反映主变油压力大小。当主变内部故障时，油被大量气化，油箱内压力急剧上升，当压力达到压力释放阀的开启压力时，压力释放阀开启，将压力释放防止油箱破裂。

（十）变压器温度过高保护

变压器运行中总有部分损耗（铁耗、铜耗）等，或者由于内部故障及冷却器故障，使变压器温度升高。大型变压器装有冷却系统，按规定温度运行，当温度超过一定值时延时报警或延时解列。

（十一）变压器通风启动保护

主变通风启动是指启动变压器本体的风扇散热，启动的条件一般是负荷电流和温度，温度启动是在变压器本体上通过温度计的上下限接点来启动和停止，而电流启动则是根据负荷电流的大小来判断。

（十二）主变冷却器全停保护

为提高传输能力，变压器均配置各种形式的冷却系统。在运行过程中，若冷却器全停，变压器的温度将升高，若不及时处理，可能导致变压器绕组绝缘损坏。对于强迫油循环风冷变压器和强迫油循环水冷变压器，当冷却器系统故障切除全部冷却器时，一般允许带额定负载运行 20min，若 20min 后顶层油温尚未达到 75℃，则允许上升到 75℃，但在这种情况下运行最长时间不得超过 1h，因此变压器一般应装设冷却器全停保护。变压器运行中冷却器由于某种原因全停，保护瞬时动作于信号，必要时可以自动减负荷，并经延时动作跳开变压器各侧断路器。

七、母线保护

（一）母线差动保护

母线差动保护是最主要的母线保护，母差保护是反应母线上各连接单元 TA 和的。当母线上发生故障时，一般情况下，各连接单元的电流均流向母线，而在母线之外（线路上或变压器内部）发生故障时，各连接单元的电流有流向母线的，有流出母线的。母线上故障母差应动作，而母线外故障母差保护应可靠不动作。

目前，微机电流型母差保护在国内各电力系统中应用较广。母线差动保护，主要由三个分相差动元件构成，同时，为提高保护动作的可靠性，在保护中还设置有启动元件、复合电压闭锁元件、TA 二次回路断线闭锁元件及 TA 饱和检测元件等。对于单母线分段或双母线的母差保护，每相差动保护由两个小差元件及一个大差元件构成。大差元件用于检查母线故障，而小差元件选择出故障所在的那段或那条母线。

双母线或单母线分段一相母差的逻辑框图如图 3-59 所示，从图 3-59 中可以看出：双母线正常运行时，若小差元件、大差元件及启动元件同时动作，母差保护出口继电器才动作；此外，只有复合电压元件也动作时，保护才能去跳相关断路器。如果 TA 饱和检测元件检测出差流越线是由于区外故障 TA 饱和造成时，母差保护不应误动，而应立即闭锁母差保护。当转入区内故障时，立即开放母差保护。

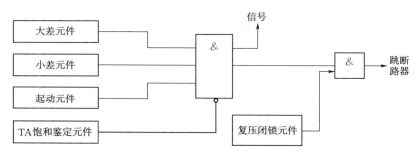

图 3-59　双母线或单母线分段母差保护逻辑框图

（二）断路器失灵保护

110kV 以及以上系统，当输电线路、变压器、母线或其他主设备发生短路，保护动作切除故障时，故障元件的断路器拒绝动作，即断路器失灵保护。

断路器失灵保护是指故障电气设备的继电保护动作发出跳闸命令而断路器拒动时，利用故障设备的保护动作信息与拒动断路器的电流信息构成对断路器失灵的判别，能够以较短的时限切除同一厂站内其他有关的断路器，使停电范围限制在最小，从而保证整个电网的稳定运行，避免造成发电机、变压器等故障元件的严重烧损和电网的崩溃瓦解事故。

断路器失灵保护一般由四部分组成：启动回路、失灵判别元件、动作延时元件和复合电压闭锁元件。双母线断路器失灵保护的逻辑框图如图 3-60 所示。

（三）微机型母线保护

微机型母线保护有集中式和分布式两种。集中式微机母线保护是将各个连接元件的交、直流回路均引至中控制室的母线保护屏上，微机母线保护对电流、电压及开关量进行处理，转化为数字量，根据一定的算法进行计算、判断和处理。分布式微机保护是母线上各个连接元件被分散安装于开关场中，利用光纤等通信介质联系，母差保护分散于各个单元，即使任一接点损坏，也不会造成

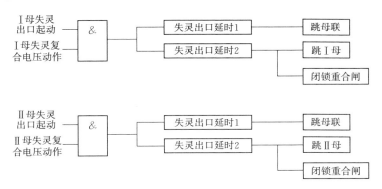

图 3-60 双母线接线的断路器失灵保护原理框图

较大误动。

图 3-61 所示就是某集中式母线保护系统框图，该系统包括 A、B、C 三相构成的分相差动系统，具有数据采集、信号处理、差动保护、充电保护、失灵保护、TA 饱和检测、交流断线监测及出口等功能。该装置差动保护算法采用采样值算法及比例制差动判据，在连续 $N+2$ 个采样值中，如果有 N 个采样点满足动作判据，则构成出口条件。A、B、C 三相 CPU 分别完成一相差动计算，对失灵动作信息、各节点报告、定值、自检、巡检、管理机对节点的管理均由 LONWORK 网络来完成。

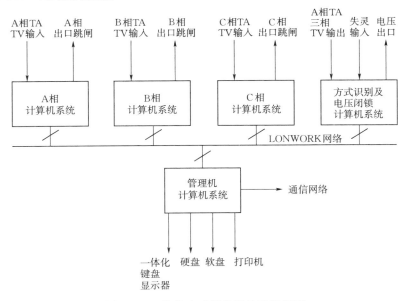

图 3-61 某集中式母线保护系统框图

八、输电线路保护

（一）三段式电流保护

（1）电流速断保护（第Ⅰ段）。仅反映电流增大而瞬时动作的电力保护，称为电流速断保护，一般保护被保护线路全长的 15%～50%。

（2）限时电流速断保护（第Ⅱ段）。任何情况下能保护线路全长，并具有足够的灵敏性，且在满足第Ⅰ段的前提下，力求动作时限最小，因动作带有延时，所以称作延时电流速断保护，该保护一般保护本线路全长并延伸至下一段线路的一部分，它为第Ⅰ段保护的后备段。

（3）定时限过电流保护（第Ⅲ段）。作为本线路主保护的近后备保护及相邻线下一线路保护的远后备保护。其启动电流按躲过最大负荷电流来整定的保护称为定时限过电流保护，此保护不仅能保护本线路全长，且能保护相邻线路全长，它为Ⅰ、Ⅱ段的后备段。

（二）距离保护

距离保护是反映故障点至保护安装处的距离，并根据距离的远近而确定动作时间的一种保护装置。当故障点距保护近时，保护装置动作时间短，当故障点距保护远时，保护装置动作时间就加长，以此保证动作的选择性。因为线路的长短即距离与线路的阻抗成正比，所以测量故障点至保护安装处的距离，实际上就是用阻抗继电器测量故障点至保护安装处之间的阻抗，故距离保护也叫阻抗保护。其保护范围稳定，不受运行方式影响，在任何场合下都能快速、灵敏且有选择地切除短路故障。

（三）高频保护

高频保护就是将线路两端的电流相位（或功率方向）转换为高频信号，然后利用输电线路本身构成高频电流的通道，将信号送至对端，以比较两端电流相位（或功率方向）的一种保护装置。高频保护不反映保护范围以外的故障，在参数选择上也无需和下一条线路相配合，因此高频保护一般不带延时。高频保护是 220kV 及以上电压复杂电网的主要保护方式之一，按其工作原理可分为方向高频保护和相差高频保护。

（四）自动重合闸

在电力系统中发生的故障绝大多数都属于瞬时性的，主要是由雷击等所引起的闪络，永久性故障一般不到 10%。采用自动重合闸装置（简称为 AAR 装置）不仅可以提高供电的安全性，减少停电损失，自动恢复系统的正常状态，而且还提高了电网的稳定水平。

（1）输电线路的重合闸一般有以下几种分类方式。

按其功能分有三种方式，即三相重合闸方式、单相重合闸方式、综合重合闸方式。

1）三相重合闸方式。当线路发生各种类型故障时，均切除三相，重合三相（检查无压和同期），永久性故障时，再跳三相。

2）单相重合闸方式。当线路发生单相故障时，切除故障相，重合故障相；一次重合闸于永久性故障，跳三相。当发生各种相间故障时，切除三相，不进行重合闸。

3）综合重合闸方式。当线路发生单相故障时，切除故障相，重合故障相；重合于永久性故障时跳三相。当线路发生各种相间故障时，则切除三相；重合三相（检查无压和同期）时，若重合于永久性故障再跳三相。

按线路结构可分为单侧电源供电线路和双侧电源供电线路重合闸两种。

（2）为了加速切除故障，提高线路供电可靠性，自动重合闸应与继电保护装置相互配合，配合的方式有自动重合闸前加速保护和自动重合闸后加速保护两种。

1）自动重合闸前加速保护。所谓前加速保护，就是当线路发生短路时，第一次由无选择性电流速断保护瞬时切除故障，然后进行重合闸。若是瞬时性故障，则在重合闸后就恢复系统供电；若是永久性故障，第二次保护就按有选择性方式动作切除故障点。也就是快速地切除瞬时性故障，使其未变为永久性故障前就切断故障点，提高重合闸的成功率。前加速保护主要用于 35kV 以下的电厂或变电所的直配线上。

2）自动重合闸后加速保护。所谓后加速保护，就是当线路第一次故障时，保护有选择性动作，然后进行重合。若是永久性故障，则断路器合闸后，再加速保护动作，瞬时切除故障。也就是第一次是有选择性地切除故障，不会扩大停电范围。在重要的高压电网中，这一点非常重要。后加速保护广泛用于 35kV 以上的电网及重要负荷的线路上，可加速第Ⅱ或第Ⅲ段保护的动作。

九、继电保护装置巡检注意事项

（1）装置各插件插入良好，无插件突出现象，内部无放电声。

（2）各种继电器、模块接触良好，无松脱现象。

（3）继电器接点位置正确，有无烧伤现象。

（4）各压板位置是否和当时运行要求相符，投入是否良好。

（5）检查励磁的继电器温度是否正常。

（6）接线端子有无松动和锈蚀现象。

（7）各表计、指示灯指示正确。

（8）发现保护信号异常时，应立即汇报，并做好记录，未查明原因前不得复归。

第八节　阀　　门

一、阀门概述

阀门是流体输送系统中的控制部件，是一种管路附件，在电厂、石油、工矿企业生产过程中发挥着重要作用。阀门主要作用有：接通和截断介质；防止介质倒流；调节介质压力、流量；分离、混合或分配介质；防止介质压力超过规定数值，保障管道或设备安全运行等。

二、阀门的基本参数及相关概念

（一）公称尺寸

阀门的公称尺寸是用于管道系统元件的字母和数字的组合的尺寸标识，这个数字与端部的连接的孔径或外径等特征尺寸直接相关，用 DN 和数字表示，单位为 mm，如：公称尺寸250mm 应标志为 $DN250$。

需要注意的是字母 DN 后面的数字不代表测量值，也不能用于计算，除非相关标准中有明确的规定。

（二）公称压力

阀门的公称压力是由字母 PN 和其后紧跟的整数数字组成，它与管道系统元件的力学性能和尺寸特性相关，在我国单位为 MPa。

在美国及欧洲部分国家，多采用英制单位的压力级制（磅级）表示。由于磅级和公称压力的温度基准不同，两者之间没有严格的对应关系，磅级与公称压力的大致对称关系，见表 3 - 1。

表 3 - 1　　　　　　　　　　阀门公称压力表

磅级	150	300	400	600	800	900	1500	2500
公称压力/MPa	1.6、2.0	2.5、4.0、5.0	6.3	10	13	15	25	42

（三）流量系数

阀门的流量系数（kV）是衡量阀门流量流通能力的重要指标，流量系数值越大，说明流体流过阀门时的压力损失越小。流量系数值随着阀门的尺寸、形式、结构变化而变化。

（四）开启力矩

开启力矩也叫作操作力矩，是指阀门开启或关闭所必须施加的作用力或力矩。开启力矩的大小也是衡量阀门产品质量的一个重要参数，在一些先进工业国家的管道阀门标准中，将其作为考核指标之一，并规定手动阀门的开启力矩不超过 360N·m，超过了此力矩就要考虑选用合适的驱动装置，如电动、气动、液动装置。

（五）阀门密封副

密封副和运动副是一对概念，密封副的功能是确保密封效果，运动副的功能是实现通断控制。

密封是防止流体或固体微粒从相邻结合面间泄漏以及防止外界杂质如灰尘与水分等侵入机器设备内部的零部件或措施。较复杂的密封件，称为密封装置。所谓泄漏则是指从运动副的密封处越界漏出的少量不作有用功的流体的现象。

密封副和运动副一同构成密封件，密封件的基本要求如下：

（1）在一定的压力和温度范围内具有良好的密封性能。

（2）摩擦阻力小，摩擦系数稳定。

（3）磨损小，磨损后在一定程度上能自动补偿，工作寿命长。

（4）与工作介质相适应。

密封副一般由阀座和关闭件组成，依靠阀座和关闭件的密封面紧密接触或密封面受压塑性变形而达到密封的目的。常见密封副有平面密封（图 3-62）、锥面密封（图 3-63）和球面密封（图 3-64）。

 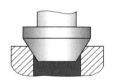

图 3-62　平面密封　　　　图 3-63　锥面密封　　　　图 3-64　球面密封

三、阀门的分类

（一）按用途和作用分类

（1）截断类：主要用于截断或接通介质流。如闸阀、截止阀、球阀、碟阀、旋塞阀、隔膜阀。

（2）止回类：用于阻止介质倒流，包括各种结构的止回阀。

（3）调节类：调节介质的压力和流量，如减压阀、调压阀、节流阀。

（4）安全类：在介质压力超过规定值时，用来排放多余的介质，保证管路系统及设备安全。

（5）分配类：改变介质流向、分配介质，如三通旋塞、分配阀、滑阀等。

（6）特殊用途：如疏水阀、放空阀、排污阀等。

（二）按压力分类

（1）真空阀：工作压力低于标准大气压的阀门。

（2）低压阀：$PN<1.6MPa$ 的阀门。

（3）中压阀：$PN=2.5\sim6.4MPa$ 的阀门。

（4）高压阀：$PN=10.0\sim80.0MPa$ 的阀门。

（5）超高压阀：$PN>100MPa$ 的阀门。

（三）按介质工作温度分类

（1）高温阀：$t>450℃$ 的阀门。

（2）中温阀：$450℃>t>120℃$ 的阀门。

（3）常温阀：$120℃>t>-40℃$ 的阀门。

（4）低温阀：$-40℃>t>-100℃$ 的阀门。

（5）超低温阀：$t<-100℃$ 的阀门。

（四）按阀体材料分类

（1）非金属阀门：如陶瓷阀门、玻璃钢阀门、塑料阀门。

（2）金属材料阀门：如铸铁阀门、碳钢阀门、铸钢阀门、低合金钢阀门、高合金钢阀门及铜合金阀门等。

（五）通用分类法

这种分类方法既按原理、作用又按结构划分，是目前国际、国内最常用的分类方法。一般分为闸阀、截止阀、节流阀、仪表阀、柱塞阀、隔膜阀、旋塞阀、球阀、蝶阀、止回阀、减压阀安全阀、疏水阀、调节阀、底阀、过滤器、排污阀等。

四、阀门的型号

（一）阀门型号的组成

为了便于认识选用，每种阀门都有一个特定的型号，以说明阀门的类别、驱动方式、连接方式、结构形式、密封面和衬里材料、公称压力及阀体材料，阀门的型号由七个单元组成，按图 3-65 所示顺序编制。

（1）阀门的类型代号用汉语拼音表示：闸阀（Z）、截止阀（J）、球阀（Q）、蝶阀（D）、节流阀（L）、弹簧式载荷安全阀（A）、杠杆式安全阀（GA）、减压阀（Y）等。

（2）驱动方式代号用阿拉伯数字表示：电磁动（0）、电磁-液动（1）、电-液动（2）、蜗轮（3）、正齿轮（4）等。

（3）连接形式代号用阿拉伯数字表示：内螺纹（1）、外螺纹（2）、法兰式

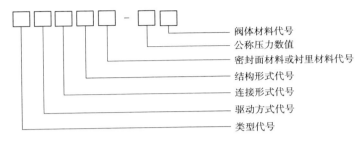

图 3-65　阀门型号组成示意图

（4）、焊接式（6）、对夹（7）、卡箍（8）、卡套（9）等。

（4）阀门的结构形式用阿拉伯数字表示：例如弹性闸板（0）、刚性闸板单闸板（1）等。

（5）密封面或衬里材料代号，除隔膜阀外，当密封副的密封面材料不同时，以硬度低的材料表示，阀座密封面或衬里材料代号按规定的字母表示：巴氏合金（B）、搪瓷（C）、陶瓷（G）、衬胶（J）、橡胶（X）等。

（6）阀门使用的压力级符合 GB/T 1048 的规定时，采用 10 倍的兆帕单位（MPa）数值表示。

（7）阀体材料用规定的字母表示：碳钢（C）、铬钼系钢（I）、可锻铸钢（K）、铝合金（L）、球墨铸铁（Q）、塑料（S）等。

（二）阀门型号示例

例如，Z942W-1。

含义为：电动楔式双闸板闸阀，具体为：电动，法兰连接，明杆楔式双闸板，阀座密封面材料由阀体直接加工，公称压力 0.1MPa，阀体材料为灰铸铁的闸阀。

五、水电厂常见阀门

（一）闸阀

闸阀是启闭体（闸板）由阀杆带动，沿阀座密封面作直线升降运动的阀门，可接通或截断流体的通道，闸阀是各类型阀门中应用最广的一类，结构图如图 3-66 所示。闸阀通常适用于不需要经常启闭，而且保持闸板全开或全闭的工况，不适用于作为调节或节流使用。

闸阀有如下优点：流体阻力小、开闭所

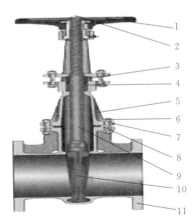

图 3-66　闸阀结构示意图

1—手轮；2—阀杆螺母；3—填料压盖；

4—填料；5—阀盖；6—双头螺栓；

7—螺母；8—垫片；9—阀杆；

10—闸板；11—阀体

需外力较小、介质流向不受限制；全开时，密封面受工作介质的冲蚀比截止阀小；体形比较简单，铸造工艺性较好。闸阀也有如下一些缺点：外形尺寸和开启高度都较大，安装所需空间较大；开闭过程中，密封面间有相对摩擦，容易引起擦伤现象。闸阀一般都有两个密封面，给加工、研磨和维修增加一些困难。

水电厂闸阀多用于技术供水系统（图 3-67）、顶盖排水系统、消防供水系统和厂房排水系统（图 3-68）。

图 3-67 技术供水系统闸阀　　　　　　图 3-68 厂房排水系统闸阀

（二）蝶阀

蝶阀是用圆盘式启闭件往复回转 90°左右来开启、关闭和调节流体通道的一种阀门，蝶阀由阀体、圆盘、阀杆和手柄组成，结构图如图 3-69 所示。

蝶阀有如下特点：结构简单，外形尺寸小，结构长度短，体积小，重量轻，

图 3-69 碟阀结构图
1—手轮；2—传动机构；3—阀杆；4—碟板；5—阀体

适用于大口径的阀门；全开时阀座通道有效流通面积较大，流体阻力较小；启闭方便迅速，调节性能好；启闭力矩较小，由于转轴两侧蝶板受介质作用基本相等，而产生转矩的方向相反，因而启闭较省力；密封面材料一般采用橡胶、塑料，故低压密封性能好。

蝶阀是水电厂大型构件和应用比较普遍的机组阀门之一，很多电厂在水轮机蜗壳进水口处设置有蝶阀，以控制机组水流，其主要作用是：当某系统失灵，故障造成机组过速时可关闭蝶阀以保护机组；在检修需要时可关闭蝶阀以便停机检修；机组长时间调相运行或长时间停机备用，在系统允许情况下可关闭蝶阀以减少导叶漏水。

（三）止回阀

止回阀主要是指依靠介质本身流动而自动开、闭阀瓣，用来防止介质倒流的阀门，是一种介质顺流时开启、介质逆流时自动关闭的阀门。止回阀结构比较简单，一般由阀盖、摇杆、阀瓣、阀体等组成，如图3-70所示。

管路系统中，凡是不允许介质逆流的场合均需要安装止回阀，因此，止回阀在水电厂中广泛应用于油、气、水系统，如图3-71、图3-72所示。

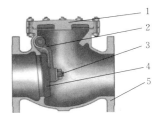

图3-70　止回阀结构示意图
1—阀盖；2—摇杆；3—螺钉；
4—阀瓣；5—阀体

图3-71　水电厂气系统止回阀

图3-72　水电厂油系统止回阀

（四）截止阀

截止阀是向下闭合式阀门，启闭件（阀瓣）由阀杆带动，沿阀座轴线做升降运动来启闭阀门。截止阀的阀瓣为盘形，特别适用于节流，可以改变通道的截面积，用以调节介质的流量与压力，截止阀在管路中主要作切断用。

截止阀有以下优点：在开闭过程中密封面的摩擦力比闸阀小，耐磨；开启高度小；通常只有一个密封面，制造工艺好，便于维修；安装常用低进高出。

截止阀使用较为普遍，但由于开闭力矩较大，结构长度较长，流体阻力损失较大，也一定程度限制了截止阀更广泛的使用。截止阀结构如图3-73所示。

（五）球阀

球阀是由旋塞阀演变而来，它具有相同的启闭动作，不同的是阀芯旋转体不是塞子而是球体。当球旋转90°时，在进、出口处应全部呈现球面，从而截断流动。球阀结构如图 3-74 所示。

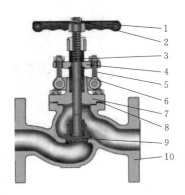

图 3-73 截止阀结构示意图

1—手轮；2—阀杆螺母；3—阀杆；4—填料压盖；
5—T 形螺栓；6—填料；7—阀盖；8—垫片；
9—阀瓣；10—阀体

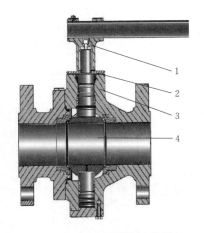

图 3-74 球阀结构示意图

1—阀杆；2—上轴承；3—球体；4—下轴承

（六）安全阀

安全阀能自动开启，当管道或设备内的压力超过定值时，启闭件（阀瓣）自动开启排放介质；低于规定值时，启闭件（阀瓣）自动关闭，对管道或设备起到安全保护作用。安全阀广泛应用于水电厂的油、气系统。

安全阀往往是作为安全的最后一道保护装置，因而其可靠性对设备和人身的安全具有特别重要的安全意义，设备实际运行过程中，安全阀有一定的校验周期，现场使用的安全阀必须经过有资质的校验机构校验合格才可使用。弹簧式安全阀应用较多，安全阀结构如图 3-75 所示。

（七）减压阀

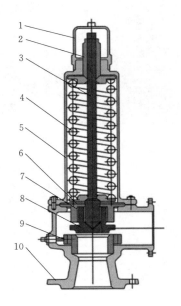

图 3-75 安全阀结构示意图

1—保护罩；2—调整螺杆；3—阀杆；4—弹簧；
5—阀盖；6—导向套；7—阀瓣；8—反冲盘；
9—调节环；10—阀体

减压阀是通过启闭件的节流，将进口压力降低到某一预定的出口压力，并借助阀后压力的直接作用，使阀后压力自动保持在一定范围内的阀门。减压阀用于将介质压力降低到某确定压力范围内的场合，在水电厂的气系统中应用较广。水电厂常见的两种减压阀为弹簧薄膜式减压阀和活塞式减压阀，结构分别如图3-76、图3-77所示。

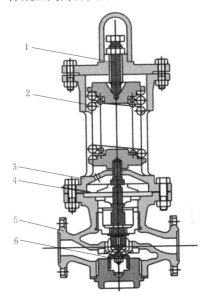

图3-76 弹簧薄膜式减压阀

1—调节螺钉；2—调节弹簧；3—阀盖；
4—薄膜；5—阀体；6—阀瓣

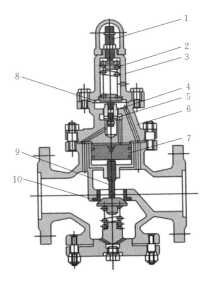

图3-77 活塞式减压阀

1—调整螺钉；2—调节弹簧；3—帽盖；4—副阀座；5—副阀瓣；6—阀盖；7—活塞；8—膜片；9—主阀瓣；10—主阀座

六、阀门日常巡检注意事项

（1）阀门是否安装牢靠，阀门的流向是否正确。

（2）密封件是否完好。

（3）阀门的整体外观是否有损坏、破损现象。

（4）阀门各部件有无锈蚀，重点是阀杆、紧固件、气缸等。

（5）检查各阀门的气源压力是否正常，检查填料及法兰连接处是否有工艺介质泄漏。

（6）法兰及阀杆连接件是否紧固，阀体及连接法兰有无渗漏的现象。

（7）螺栓、螺帽等阀门的紧固件是否齐全，有无松动。

（8）对于带电磁阀的开关阀，检查电磁阀的排气口是否堵塞，排气方向是否正确。

（9）检查气路（仪表空气管经过滤减压阀、阀门定位器至气缸各部件、各管线）的紧固件是否松动，空气仪表是否有泄漏；阀门的汽缸是否漏气。

第四章 常用系统图纸

学习提示

内容：介绍电力系统几种典型的电气主接线图、厂用电系统图、调速器液压系统图、技术供水系统原理图、气系统原理图。

重点：图纸原理。

要求：掌握电气主接线图、厂用电系统图，熟悉调速器液压系统图、技术供水系统原理图、气系统原理图。

第一节 电气主接线图

本书选取三种典型的发电厂的电气主接线图作为代表进行介绍，本书对典型甲电厂进行系统介绍。

一、甲电厂图纸说明

甲电厂开关站主接线方式为单母线的扩大桥型接线，如图 4-1 所示。具体接线方式为：发电机与主变压器采用一机一变的单元接线方式，1 号、2 号、3 号主变压器高压侧装设断路器，1 号、3 号发电机出口装设隔离刀闸，2 号发电机组出口装设隔离刀闸及断路器；2 回出线高柑一回、高柑二回与柑子园 220kV 系统联络。220kV 高压配电装置为敞开式户外配电装置，共有 3 条母线，均为单母线；三条母线通过高 24 开关、高 25 开关相连；高 21、高 22、高 23、高 24、高 25 均为 220kV 带同期功能开关，高 02 开关为 13.8kV 带同期功能开关。

以 1 号机组为例：017 为发电机中性点地刀，经带二次负载的变压器 1JB 接地；1F 为发电机，1PT、2PT、3PT 为测量保护用电压互感器，4PT 主要用于同期；CT 为保护和测量用电流互感器；1ZB 为励磁变，为励磁系统提供励磁电流；11B 为厂用变，厂用电一个电源点；011 刀闸为发电机出口刀闸；01B 为主变压器，旁接主变在线监测装置，监测主变铁芯和夹件的运行情况；高 21 开关为发变组出口开关；212 刀闸为发变组出口刀闸，与 220kV Ⅰ母相连；2117 地

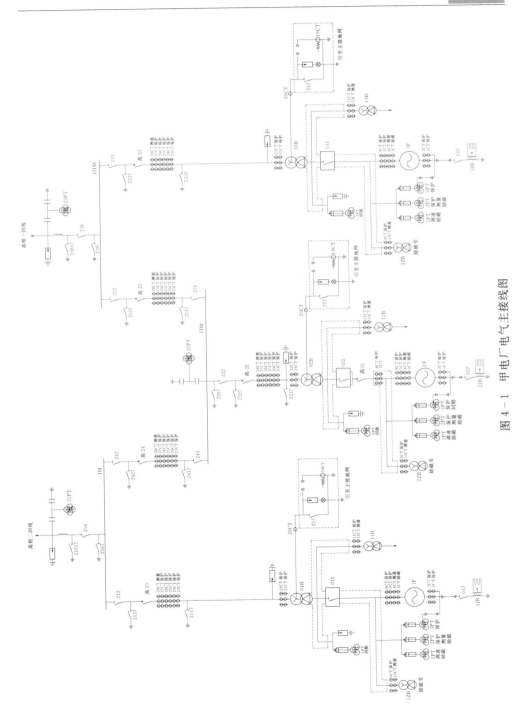

图4-1　甲电厂电气主接线图

刀、2127 地刀为高 21 开关两侧地刀。

二、乙电厂图纸说明

乙电厂电气主接线图如图 4-2 所示。乙电厂具体接线方式为：有两条 500kV 母线，均为单母。发电机与变压器采用一机一变的单元接线方式，两组单元接线组成联合单元接线，并在两组联合单元接线之间设连接跨条（跨条上装两组隔离开关，从Ⅰ母到Ⅱ母分别为 50121、50122），然后以两回约 5kM 的架空线（水渔Ⅰ回线、水渔Ⅱ回线）接入 500kV 渔峡开关站。1 号、2 号、3 号、4 号主变压器高压侧装设断路器（依次为 5001、5002、5003、5004，均为带同期功能开关），2 号、3 号发电机装设出口断路器（02、03，均为带同期功能开关）。

以 1 号机组为例：主变压器中性点直接接地，无接地刀闸。1G 为发电机，1PT、2PT、3PT 为测量保护用电压互感器、52PT 主要用于同期；CT 为保护和测量用电流互感器；1ZB 为励磁变压器，为励磁系统提供励磁电流；11B 为 20kV 厂用变。Z011 开关为电气制动开关，Z0117 为电气制动接地刀闸；01B 为主变压器，主变压器为分相变压器，在主变压器 B 相事故排油室外装有电流在线检测系统。5001 开关为发变组出口开关，50011、50016 为 5001 开关隔离刀闸，50011 与 500kV Ⅰ母相连；500117、500167 为发变组出口开关接地刀闸。1011 为厂用变低压侧开关。1 号发电机中性点通过接地变压器（1JDB）接地。

三、丙电厂图纸说明

丙电厂电气主接线图如图 4-3 所示。丙电厂 1 号机组、2 号机组为一机一变单元接线方式，通过 220kV 清长Ⅰ回线、清长Ⅱ回线接入长阳变。发电机通过出口刀闸（011、021）连接主变低压侧。主变中性点采用直接接地方式，无中性点接地刀闸。发电机中性点通过接地变压器（1JDB、2JDB）接地。1ZB、2ZB 为励磁变压器，为机组提供励磁电流。11B、12B 为厂用变，611、612 为厂用变低压侧开关。Z011、Z021 为电制动开关。

丙厂 3 号机组，4 号机组为双母线接线方式。通过 500kV 清葛线接入系统，线路电厂侧开关为清 5051。3 号机组、4 号机组通过主变高压侧断路器（清 5003、清 5004）接入母线。正常运行方式下，3 号机组接入Ⅱ母，4 号机组接入Ⅰ母。两段母线通过母联开关（清 5012）联络运行。清 50511 刀闸闭合，清 50512 刀闸断开。3 号、4 号发电机出口刀闸为 8031、8041。发电机中性点通过接地变压器（3JDB、4JDB）接地。主变中性点接地方式有两种：主变中性点直接接地和主变中性点经小电抗器接地。3 号机组、4 号机组单台机并网运行时，主变中性点直接接地（合上 530、540 刀闸）。3 号机组、4 号机组同时并网运行时，两台主变经小电抗器接地。

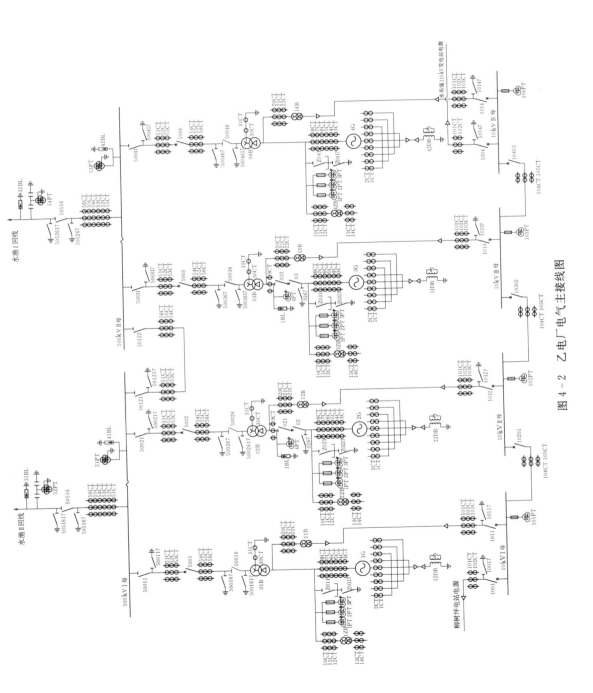

图 4 - 2　乙电厂电气主接线图

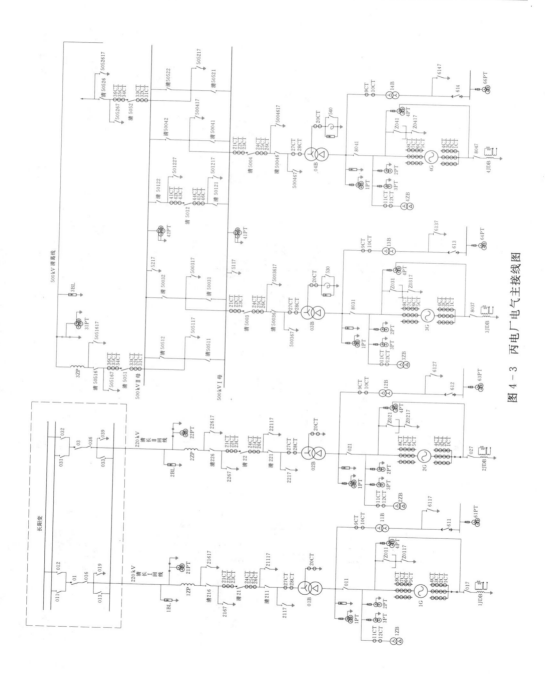

图 4 - 3　丙电厂电气主接线图

第二节　厂　用　电　系　统　图

　　水电厂机电辅助设备用电及照明用电称为水电厂的厂用电。厂用电绝大部分使用交流电，少量使用直流电。水电厂厂用电系统是全部厂用电力网络、厂用配电装置和厂用电的交、直流电源灯所构成的总体，厂用电系统为电厂用电设备、机组辅助操作设备提供可靠的供电电源，如图 4-4 所示。

　　甲电厂厂用电系统采用两种电压等级，即 6kV 和 0.4kV，主要供电范围包括：电站厂房用电，大坝泄洪设施用电，升船机用电以及生产管理楼用电。

　　厂用电源目前共有 8 回，其中外来电源 5 回，甲电厂 3 回。外来分别为 601 开关、602 开关、6051 开关、6011 开关、612 开关（系统），厂内 611 开关、613 开关、612 开关（机组）。

　　6kV 配电装置有 36 个手车式配电柜（厦门 ABB 开关厂生产），其中 5 段母线设有 5 台 PT 柜，31 个开关柜，型号为 VD4 真空开关，其中负荷开关柜20 个。

　　0.4kV 系统共有 9 个供电点，即 1P（1 号、2 号机组用电屏）、2P（2 号、3 号机组用电屏）、3P（3 号、1 号机组用电屏）、4P（公共用电屏）、5P（照明用电屏）、6P（管理楼用电屏）、11P（泄洪闸门用电屏）、12P（升船机用电屏）、14P（自备电厂用电屏）。0.4kV 各供电点均是接在 6kV 两段母线上，由双电源经降压变压器供电；各供电点均系分段母线，其间设联络开关，且双电源可实现主备电源自动备投。

　　事故照明采用交直流互备供电，交直流电源均采用分段母线（二段）结构。正常情况下由交流电源供电，事故情况下由直流电源供电。

第三节　调速器液压系统图

　　在水电厂中，机组调节系统工作时，能量的传递和机组转动部分的润滑和散热等，一般都是用油作为介质来完成的。油系统是为水电厂用油设备服务的。油系统由一整套设备组成，它用来完成用油设备的给油、排油、添油及净化处理等工作。水电厂用油可分为绝缘油和润滑油两大类。绝缘油一般分为变压器油、电缆油和开关油三种，绝缘油在设备中的作用是绝缘、散热和消弧。润滑油的种类很多，有透平油、空气压缩机油、机械油和润滑脂等。本节所介绍的透平油，其主要作用是对设备进行操作控制以传递能量，即调速器液压系统用油。如图 4-5 所示。

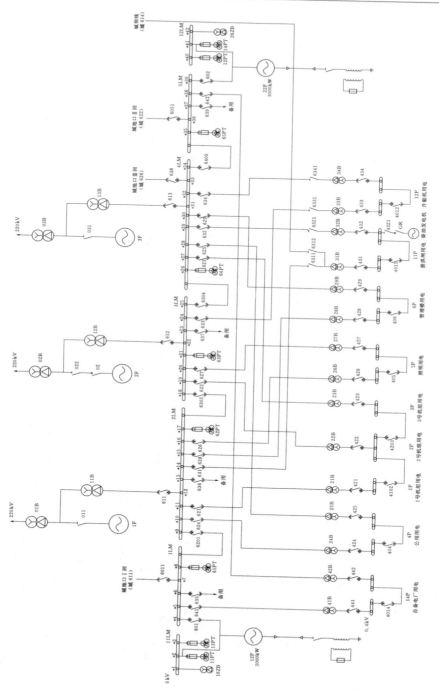

图 4-4 甲电厂厂用电系统图

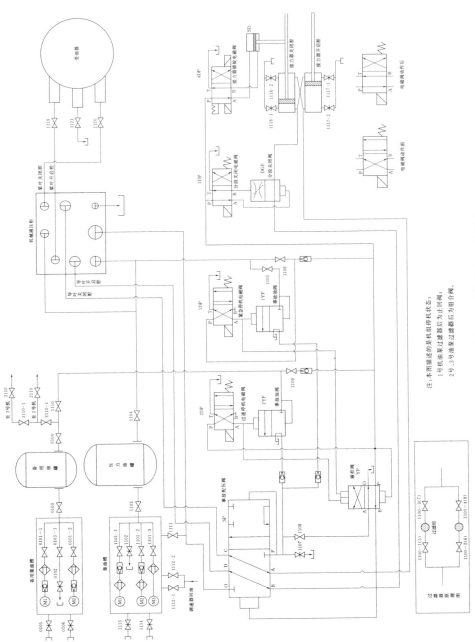

注：本图描述的是机组停机状态；
1号机油泵过滤器后为止回阀；
2号、3号油泵过滤器后为组合阀。

图 4 - 5　甲电厂调速器液压油系统图

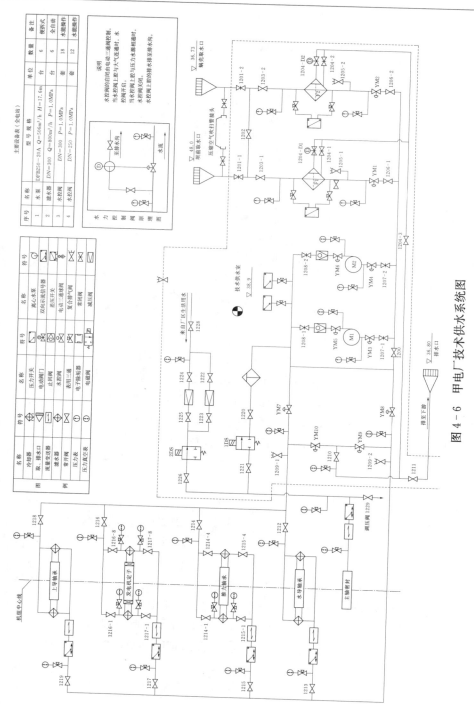

图 4－6　甲电厂技术供水系统图

机组正常运行时的导叶操作说明：机组正常运行时，事故配压阀 D－B、C－A 接点导通；开导叶操作时，机组压力油罐的压力油通过机械液压柜、事故配压阀 D－B 接点进入接力器开启腔，同时接力器关闭腔中的压力油通过事故配压阀 C－A 接点、机械液压柜回油至机组回油箱中，导叶开启；关导叶操作时：机组压力油罐的压力油通过机械液压柜、事故配压阀 C－A 接点进入接力器关闭腔，同时接力器开启腔中的压力油通过事故配压阀 D－B 接点、机械液压柜回油至机组回油箱中，导叶关闭。

1DP 为紧急停机电磁阀，采用机组主用油源；2DP 为过速停机电磁阀，采用机组备用油源；3DP 为分段关闭电磁阀；4DP 为接力器锁定电磁阀。

第四节 技术供水系统原理图

技术供水系统是水电厂辅助设备中最基本的系统之一。水电厂的供水包括技术供水、消防供水和生活供水。技术供水的主要对象是：发电机空气冷却器、发电机推力轴承及导轴承油冷却器、水轮机导轴承及主轴密封、深井泵的润滑、水冷式变压器、水冷式空压机等。各种用水设备对供水一般有四个方面的要求：水量、水温、水压和水质，一般因具体设备而有所差异。如图 4－6 所示。

技术供水水源主要采用坝前取水和蜗壳取水。为除去水中杂质，技术干管上设有转动式滤水器。机组用水方式采用正（反）向两路供水，每台机组设备均采用自流及水泵加压混合供水方式（加压泵现已退出运行）。

以 1 号机组为例，正常运行方式时，坝前取水阀 1201－1 阀和联络阀 1202 阀全开，蜗壳取水阀 1201－2 阀全关；水经过滤水器供入干管，其中水控阀 YM1 阀和 YM2 轮换开启；经过干管 1200 阀后，若 YM7、YM9 开启，水则经过 YM7 进入三导冷却系统，经过 YM9 排出，再经过 1210 阀，1211 阀排至尾水；YM8、YM10 开启式时同理。

主轴密封水的作用是对机组端面橡胶密封润滑，防止机组顶盖处翻水。主轴密封水以厂内生活用水为主水源，滤水器后取水作为水源，当主水源消失或压力不能满足要求时，备用水源自动投入，现两路水源均长期投入。

第五节 气 系 统 原 理 图

水电厂压缩空气一般用于以下几个方面：厂内高（中）压气系统，压力为 2.5～6MPa，供油压装置用气；厂内低压气系统，压力为 0.8MPa，供机组制动、调相压水、风动工具、吹扫用气及水导轴承检修密封围带、蝴蝶阀止水围

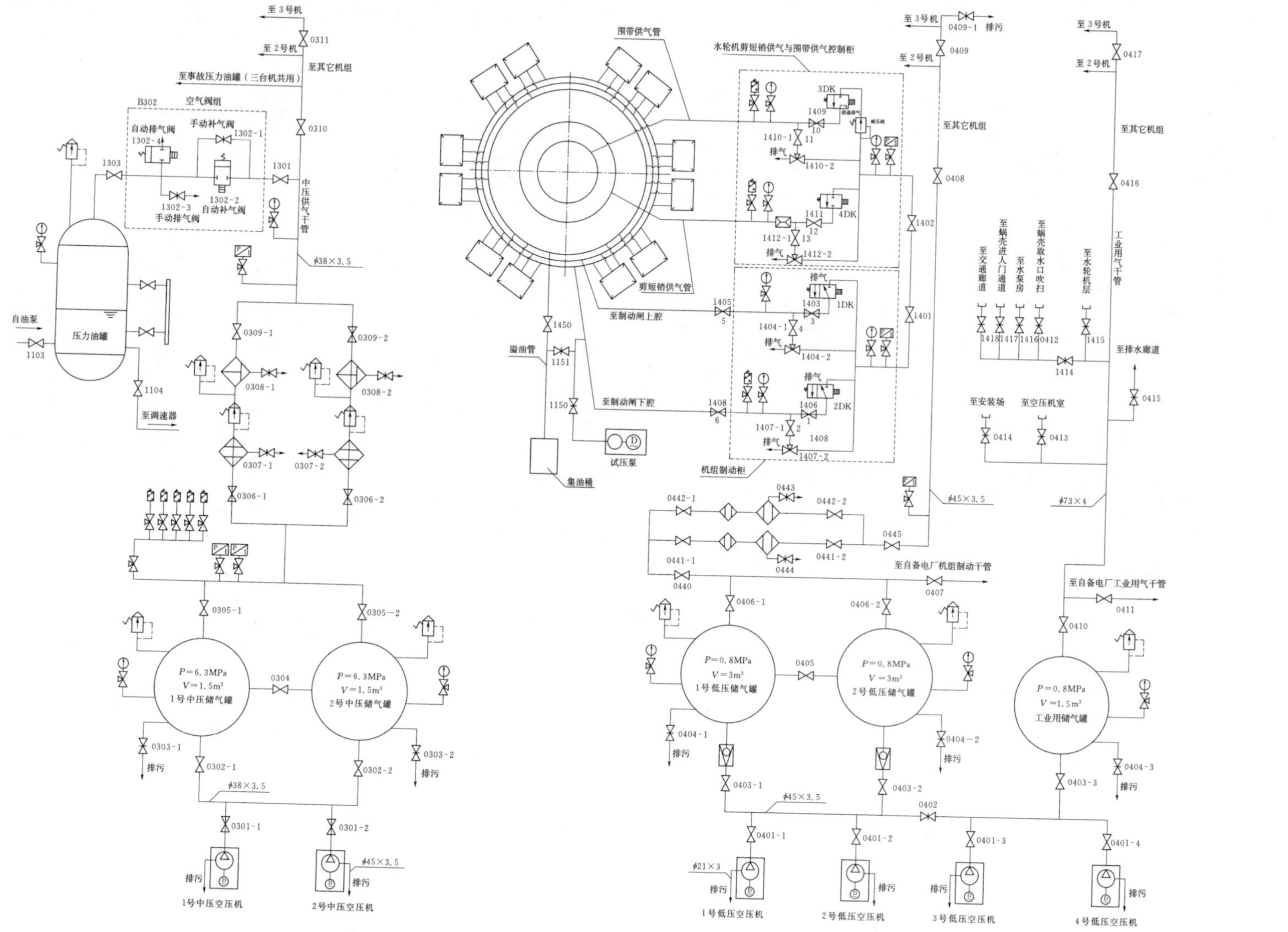

图 4-7 甲电厂气系统图

至 3 号机 0417
至其它机组 0416
至 2 号机
工业用干管 1415
至水轮机层 1414
至空压机室 0413
至凝器喉部水口吹扫 16 0412
至排水泵房 1417 17 1416
至凝器进人门通道 1418 18
至交通运输通道 1419 19
φ73×4
至排水斗喷道 0415
至安装场 0414
空压机室
φ45×3.5

至自备电厂机组工业用气干管 0411
0410
P=0.8MPa
V=1.5m³
工业用储气罐
0404-3 排污
0403-3
0401-4 排污
4 号低压空气压缩机

至 3 号机 0409-1 排污
至 2 号机 0409
至其它机组 0408
0402 0401
37DK 1409 11
排气 1410-2
4DK 1411
1412-2 12 13
排气 1404-2
1DK 1403
1404-1 4
排气
2DK 1406
1407-1 1408
1405 5
1408 6
机组制动柜

水轮机身短暂供气与围带供气控制柜
围带供气管
短暂供气管
至制动闸上腔
至制动闸下腔
至制动制动柜
试压泵
集油箱
溢油管 1450 1151 1150

至自备电厂机组制动干管 0407
0445
0406-2
0442-2 0441-2
0443 0444
0442-1 0441-1 0440
P=0.3MPa
V=3m³
2 号低压储气罐
0404-2 排污
0403-2
0401-2 排污
2 号低压空气压缩机

0405
0406-1
P=0.8MPa
V=3m³
1 号低压储气罐
0404-1 排污
0403-1
0401-1 排污
1 号低压空气压缩机
φ21×3
φ45×3.5

至 3 号机 0311
至 2 号机 0310
至其它机组（三台机组用）
中压供气干管
φ38×3.5
事故压力油罐 1301
1302-2 自动补气阀
手动补气阀 1302-3 手动排气阀
B302 空气阀组
自动排气阀 1302-4
1303
至调速器 1104
压力油罐
至油泵 1103

0309-2 0308-2 0306-2 0305-2
0307-2
0309-1 0308-1 0307-1 0306-1
P=6.3MPa
V=1.5m³
2 号中压储气罐
0303-2 排污
0302-2
0301-2 排污
2 号中压空气压缩机
φ45×3.5

0304
0305-1
P=6.3MPa
V=1.5m³
1 号中压储气罐
0303-1 排污
0302-1
0301-1 排污
1 号中压空气压缩机
φ38×3.5

带充气；场外高压气系统，压力为 4～15MPa，减压后供配电装置用气，其中空气断路器工作压力为 2.0～2.5MPa，气动隔离开关工作压力为 0.5～0.7MPa；厂外低压气系统，压力为 0.8MPa，供防冻吹冰用气，设备工作压力一般为 0.3～0.4MPa。如图 4 - 7 所示。

气系统由空气压缩装置、管网和测量控制元件组成，它的任务是满足用户对压缩空气的气量和质量（压力、清洁及干燥程度）的要求。甲电厂气系统包括中压气系统和低压气系统两部分。

中压气系统用于调速器压力油罐供气，由两台中压机组成供气源，有两个储气罐，压力为 5.8～6.3MPa 之间，再通过供气管路、过滤、减压，供至压力油罐。

低压气系统用于风闸制动、吹扫等工作，由四台低压机组成气源，有三个储气罐处于 0.62～0.68MPa 之间，两个用于风闸制动系统，另一个储气罐用于工业吹扫。

第五章

设备巡检及单点课程训练 (OPL)

学习提示

内容：介绍水电厂各类主辅设备的巡检，包含巡检路线、巡检范围、危险因素及控制措施、巡检内容等；并对单点课程训练单进行了介绍，列出主要巡检点的清单。

重点：各类设备及区域巡检的主要内容和重点项目。

要求：掌握不同区域各类设备的日常巡检内容、重点项目、危险因素及控制措施；熟悉巡检路线、巡检工具。

第一节 电厂主辅设备巡检

设备巡检作为运行值班人员的主要工作之一，是确保电厂各类主辅设备安全运行的重要组织措施之一，也是"两票三制"的重要内容。其中两票三制是指：工作票、操作票；交接班制、巡回检查制、设备定期试验轮换制。

目前，很多电厂均已有完善的标准巡检体系，即巡检作业指导书，内容涵盖巡检人员要求、工具与材料、巡检范围（作业现场）、注意事项（作业措施）、巡检路线、危险因素清单及控制措施、巡检内容等。

一、作业人员要求

作业人员要求见表 5-1。

表 5-1　　　　　　　　作 业 人 员 要 求

序号	劳动组织要求	作业人数	备注
1	巡检人员	2	值班员
2	许可人员	1	值长

二、工具与材料

工具与材料见表 5-2。

表 5 - 2 　　　　　　　　　　**工　具　与　材　料**

序号	名　称	型号规格	单位	数量	备注
1	巡检钥匙	—	串	1	
2	手电筒	—	个	2	
3	签字笔	—	支	1	
4	便携式数据采集器	MODEL PT900	个	1	
5	红外测温仪	—	支	1	
6	通信设备（手机等）	—	个	2	

三、作业现场

以甲电厂厂房、开关站为例。

四、作业措施

注意佩戴安全帽；注意同带电设备、转动的机械设备保持足够的安全距离；注意防止误碰操作把手、操作按钮；发现设备异常应及时报告值长，并根据值长令进行处理。

五、环境因素及危险源控制清单

环境因素及危险源控制清单见表 5 - 3。

表 5 - 3 　　　　　　　　**环境因素及危险源控制清单**

序号	作业活动	环境因素危险因素	可能导致的事故	风险评价方法 L	E	C	D	风险等级	控制措施
1	进入厂区内进行巡检作业	不戴安全帽	碰伤	10	4	1	40	II	戴安全帽
2	巡检至操作把手密集的地方	误碰操作把手	设备事故	10	3	1	30	II	严格遵守安全规程，实行工作监护
3	巡检至操作按钮密集的地方	误碰操作按钮	设备事故	10	3	1	30	II	严格遵守安全规程，实行工作监护
4	巡检至光线昏暗或者行走路面较差的地方	楼梯、地面湿滑，照明不足	坠落、滑倒	10	6	1	60	II	准备必要的应急照明器材，扶栏杆上下楼梯

续表

序号	作业活动	环境因素 危险因素	可能导致 的事故	风险评价方法				风险 等级	控制措施
---	---	---	---	L	E	C	D		
5	巡检至带电设备密集的地方	误碰带电设备	触电事故	10	3	1	30	Ⅱ	严格遵守安全规程，实行工作监护
6	巡检至高压区域内	安全距离不够	触电伤害	10	6	1	60	Ⅱ	严格遵守安全规程，保持安全距离，必要地点加装防护网，实行工作监护
7	巡检至机械转动部分	与转动部分安全距离不够	人身伤害	10	3	2	60	Ⅱ	严格遵守安全规程，保持安全距离，实行工作监护
8	巡检过程中遇有发热的设备	触摸设备高温部位	灼烫	10	3	2	60	Ⅱ	严格遵守安全规程，保持安全距离，实行工作监护
9	厂房主辅设备巡回检查	重要报警信息未及时发现	设备事故	10	3	2	60	Ⅱ	完善巡检制度
10	厂房主辅设备巡回检查	误动保护连片	设备事故	10	3	1	30	Ⅱ	严格遵守安全规程，实行工作监护
11	高频通道试验	试验方法错误	留下事故隐患	10	1	1	10	Ⅰ	严格遵守安全规程，按照作业指导书作业

六、巡回检查线路

以甲厂为例，厂内正常巡检路线如下：LCU1 单元控制室→1 号发电机区（包括：受油器、滑环室、隔离刀闸、4PT、厂用变）→高 02 开关→LCU2 单元控制室→2 号发电机区→LCU3 单元控制室→3 号发电机区→3～1 号机调速器区（包括：调速器机调柜、1～3 号机油压装置、事故油压装置、集油槽、机旁动力柜、机旁测温盘、风闸控制柜、围带控制柜、发电机中性点、励磁变、消防控制柜）→检修、渗漏排水泵室→中、低压机室→消防水泵室 1～3 号机 1、2、3PT→1～3 号机水车室（包括：技术供水室）→400V 1～5P 室→6kV 室→01B～03B 主变→400V 6P 室→直流室→通信电源室→开关站（包括保护室、开关、刀闸、高压 PT/CT、汇控柜、高频保护通道试验）。

七、巡回检查内容和标准

（一）LCU1-LCU3 单元控制室巡回检查

（1）检查励磁调节控制柜机端电压表指示正常，励磁控制把手在"远方"位置，风机控制把手在"自动"位置。

（2）检查管理机上无报警信号，各数值在正常范围内，Ⅰ套调节器主用，Ⅱ套调节器备用，Ⅰ、Ⅱ套调节器数据基本一致。

（3）检查两套调节器电源开关在合，电源指示灯、运行信号灯、脉放电源指示灯亮，报警指示灯熄灭。

（4）检查励磁调节柜内断路器位置压板 1LP 在加用、PSS 退出压板 2LP 在退出、备用压板 3LP 在退出。

（5）检查各功率柜直流电流表指示正确，均流情况良好。

（6）检查风机运行情况与实际工况相符，运行无异音。

（7）检查灭磁开关柜 LED 灯指示正确，灭磁开关在合。

（8）检查灭磁开关保护柜无报警。

（9）检查机组故障录波装置运行正常。

（10）检查 CP1 盘上控制方式把手在远方、自动位置，同期方式投/切把手在"切除"位置，自准合闸电源投/切把手在"切除"位置，其中 LCU2-CP1 盘上解列方式把手在"高 02 开关"位置，水机报警、LCU 故障灯熄灭，指示灯显示状态同实际运行工况一致，控制按钮在弹起位置，CP1 盘内无压合闸试验连片在退出，CP1 盘后各电源开关正常投入。

（11）检查 CP2 盘监控系统显示屏"事件记录"页面无异常报警，盘内各 CPU 工作正常，运行温度正常。

（12）检查调速器电调盘交流电源指示灯、直流电源指示灯、A 套主用指示灯亮，B 套主用指示灯、报警指示灯熄灭，开度/开限指示表、转速给定/转速表、频率给定/频率表显示正常，工控机显示屏故障列表无高级报警，导叶、桨叶控制把手在"远方""自动"位置，控制方式指示灯状态同实际工况一致。

（13）检查 SP 盘交直流电压表、电流表指示正常，各交、直流负荷开关正常投入（其中直流联络、机组消防、备用开关在断），检查直流系统绝缘监测仪工作正常。

（14）检查机组保护盘无报警信号（主变通风启动灯亮除外）。

（15）检查机组保护盘上保护压板正常加用（除备用压板外均应加用）。

（16）检查 LCU3 室 PMU 同步相量采集屏内装置无告警。

（17）检查单控室空调启停正常，温度、湿度正常，空调排水管无漏水现象。

（二）发电机区设备巡回检查

（1）检查机头运行指示灯显示同机组运行工况一致，受油器甩油正常，飞摆装置工作正常，桨叶传感器工作正常，无变形、无异响、无螺栓松动，各管路无渗油。

（2）检查转子滑环、炭刷接触良好，无异音、无火花、无松动，上导油位计显示正常。

（3）检查 011（031）刀闸位置正常，三相一致，刀闸触头无发红现象，无螺栓松动、无焦糊味。

（4）检查封闭母线套管无松动，无异响。

（5）检查高 02 开关控制把手在"远方"位置，高 02 开关油位指示正常，气压、油压正常。

（6）检查发电机及其辅助设备无异音、异味、异常振动及其他异常情况。

（7）检查厂用变压器线圈温度正常，无异音，厂用变温控仪工作正常。

（三）发电机区设备巡回检查

（1）检查调速器运行稳定，无异音、无抽动，调速器系统各部分无渗油、漏油。

（2）检查调速器机调柜各表计、指示灯指示正常，无报警信号，伺服电机温度正常，工作无卡涩、无异音，油过滤器压力值同压力油罐压力值一致，导叶、桨叶控制把手在竖立位置，QSD 电磁阀在复归位置。

（3）检查 1～3 号机及事故油压装置控制柜各表计、指示灯指示正常，无报警信号，油泵控制方式把手在"自动"位置，补气阀控制方式把手在"自动"位置，显示屏上两台油泵运行方式分别为"主用""备用"状态，盘内电源开关正常，PLC 电源正常，二次回路接线良好无松脱。

（4）检查 1～3 号机及事故压力油罐压力、油位正常，补气装置各管道阀门无漏气。

（5）检查 1～3 号机及事故回油箱油位正常。

（6）检查油泵自动打压正常，运转中无异音，无剧烈振动。

（7）检查机组上导、推力、空冷冷却水压力正常，示流计工作正常，管路及阀门无漏水。

（8）检查励磁变运行无异音，三相温度正常，柜内接线良好无发红及松脱现象。

（9）检查 F1 柜（机组动力柜 1 号）、F2 柜（机组端子柜）内各电源开关位置正确，各继电器指示灯显示正常，接线良好无松脱。

（10）检查 F3 柜（机组温度仪表柜）、F4 柜（机组仪表柜 1 号）、F5 柜（机组仪表柜 2 号）上各仪表指示正确，无报警信号。

（11）检查 F6 柜（机组刹车柜）、F7 柜（水轮机气动剪断销与空气围带控制柜）上各仪表指示正确（气源压力 0.7MPa，空气围带压力 0.35MPa），无报警信号。柜内各阀门位置正确，供气管道及阀门无漏气。

（四）消防系统巡回检查

（1）检查盘面上各电源正常，控制把手在"手动"位置。

（2）检查消防清洁水源压力大于 0.35MPa，清洁供水阀 0201 - 2、过滤器出口阀 0203 - 2 在开。

（3）检查消防坝前取水阀 0201 - 1 在关，过滤器出口阀 0203 - 1 在关，各管路及阀门无漏水。

（五）检修、渗漏排水泵室巡回检查

（1）检查渗漏泵、检修泵盘面水泵控制把手在"自动"位置，柜内交、直流电源正常，主用泵工作时电流正常。

（2）检查盘内 PLC 工作正常，二次回路接线良好无松脱，热偶继电器未动作，无发热、无焦煳味，封堵完好。

（3）检查排水泵工作时抽水正常，无剧烈振动，各阀门正常开启，无渗漏。

（4）检查各水泵润滑水投入正常。

（5）检查渗漏泵、检修泵电机轴承油位、油色正常，无渗油现象。

（6）检查渗漏井、检修井水位在正常范围。

（六）中、低压机室巡回检查

（1）检查中（低）压机电源正常，运行方式正确，控制盘面无报警显示。

（2）检查 LCU6 盘面无报警显示，显示屏"事件记录"页面无异常报警，盘内各 CPU 工作正常，运行温度正常。

（3）检查中（低）压机运行无异音，风扇转动正常，皮带传动正常，无剧烈振动，温度及压力指示在正常范围。

（4）检查 1 号中（低）压机润滑油油位、油色正常。

（5）检查各低压机面板上"POWER"指示灯亮，显示有"START LO-CAL/REMT"，无"主机过载"等报警信号。

（6）检查中（低）压力气罐压力正常。

（7）检查中（低）压气系统各阀门、法兰及相关管路无漏气，各阀门位置正确。

（8）检查减压阀、排污装置及气水分离器工作正常。

（七）机组 1-4PT 巡回检查

（1）检查 PT 柜外观无杂物，声音无异常。

（2）检查 PT 二次保险无熔断，柜内二次接线良好，无松脱。

（3）检查 PT 二次插把无松动。

（4）检查 PT 一次保险接触良好。

（八）水车室、技术供水室巡回检查

（1）检查技术供水各阀门位置正确，各管路、法兰、阀门无漏水情况，各部位仪表指示正确，水压在正常范围内（0.2～0.4MPa）。

（2）检查主轴密封水压力正常（0.05～0.2MPa）。

（3）检查技术供水控制盘上控制把手在"远方"位置，电源指示正常，柜内二次回路接线良好无松脱，无焦糊味。

（4）检查滤水器操作柜电源正常，排污阀控制把手在"自动"位置，滤水器前后压差正常。

（5）检查顶盖排水控制柜电源正常，顶盖排水泵控制方式在"自动"位置，顶盖水位及排水正常，柜内 PLC 电源正常，水泵及漏油箱工作电源正常，二次接线良好无松脱，无焦糊味。

（6）检查水车室盘柜上各压力表指示在正常范围内。

（7）检查水车室内机组运行时无异响、主轴旋转方向正常，停机时无蠕动现象。

（8）检查剪断销无剪断现象，真空破坏阀位置正确无漏水。

（9）检查顶盖排水管路无漏水现象。

（10）检查接力器无漏油现象，停机时锁定在投。

（11）检查机组齿盘测频支架、大轴接地支架无变形。

（12）检查水车室顶部无渗油、渗水现象。

（九）污水泵房巡回检查

（1）检查污水泵控制盘面水泵控制把手在"自动"位置，盘内电源正常，二次接线良好。

（2）检查污水井水位正常，水井外墙无溢水。

（十）厂用电 400V 系统巡回检查

（1）检查各段母线电压正常（380～420V），保护压板正常投入。

（2）检查各开关、刀闸、把手在正确位置，备自投按要求投运。

（3）检查进线及联络开关盘面无保护动作指示，各负荷开关在正确位置，无脱扣现象。

（4）检查各变压器线圈温度正常，运行无异音，接线良好无松脱、发红现象。

（5）检查 CSP2 电源盘直流电源未投，交流电源正常，各负荷开关正常合上，直流系统绝缘监测仪工作正常。

（十一）厂用电 6kV 系统巡回检查

（1）检查各段母线三相电压正常（6.0～6.3kV），盘柜无保护报警。

（2）检查各开关位置、开关控制把手位置正确。

（3）检查 LCU4 盘面控制把手在"远方"位置，无报警信号，柜内电源正常，各 CPU 工作正常（RUN 灯亮），光纤转换器工作正常（DA 灯闪）。

（4）检查电源盘 CSP1 上交、直流进线电源正常，各负荷开关正常投入，直流联络开关断开，直流系统绝缘监测仪工作正常。

（5）检查室内照明、通风正常，顶部无渗水现象。

（6）检查通风道内主变消防排水管道无渗水、渗油现象。

（7）在中控室监控系统检查 6kV 系统备自投正常投入。

（十二）01B-03B 主变压器巡回检查

（1）检查主变冷却器控制箱内交流进线电源正常，各把手位置正确（正常情况下，第一路为主用电源），二次接线良好无松脱、无焦煳味，热偶继电器未动作，各信号指示正确。

（2）检查主变中性点接地刀闸位置正确，控制电源正常。

（3）检查主变呼吸器油位正常、硅胶无变色（蓝色为正常色）。

（4）检查主变运行无异音，主变本体及阀门无渗油；油泵和冷却器运行正常，油流计指示正确。

（5）检查主变各部温度（油温及线圈温度）在正常范围，油枕油位在正常范围。

（6）检查主变各导电部分无放电、发热、发红现象。

（7）检查主变在线监测现地单元装置电源投入正常，风机运转正常，远方监测装置无报警，间隙电流在 200mA 以下。

（8）检查各部接地良好。

（十三）直流室巡回检查

（1）检查 1SP、4SP 上直流电源监视装置工作正常，无报警信号。

（2）检查 2SP、5SP 上电池监视仪工作正常，无报警信号。

（3）检查 3SP、6SP 上直流系统绝缘监测仪工作正常，各负荷开关正常投入。

（4）检查 7SP 上两段交流进线电源正常，各负荷开关正常投入。

（5）检查室内两组 UPS 电源工作正常。

（6）检查蓄电池本体、蓄电池接头、支持件清洁完好，蓄电池无泄漏。

（7）检查空调运转正常，温度、湿度在正常范围内，空调排水管无漏水现象。

（8）检查风机控制装置电源投入正常，控制方式在"自动"位置，各风机按规定方式运行，盘面无报警。

（十四）开关站巡回检查

（1）检查开关站配电柜两段进线电源正常，各负荷开关投入正常。

（2）检查各保护盘交、直流电源正常，指示灯指示正常，无报警信号，保护压板投退按规定执行，盘内二次接线良好无松脱。

（3）检查高 22 开关保护盘 3PP5 盘重合闸选择把手在"停用"位置，高 21、23、24、25 开关保护盘 3PP1－3PP4 盘重合闸选择把手在"单重"位置。

（4）检查 LSP 电源柜内交、直流电源正常，各负荷开关按规定投入，直流系统绝缘监测仪工作正常。

（5）检查 LCU5－CP1 盘控制方式选择把手在"远方""自动"位置，高 24、25 开关控制方式在"自动"位置，同期选择把手在"0"位置，盘后电源开关投入正常，UPS 电源工作正常。

（6）检查 LCU5－CP2 盘面工控机"事件记录"页面无异常报警，盘内各 CPU 工作正常。

（7）检查保护室空调运转正常，温度、湿度在正常范围内。

（8）检查室外各汇控柜电源开关在正常位置，指示灯指示正常，二次接线良好无松脱，柜内无异物，无结露现象。

（9）检查各断路器 SF_6 气体压力正常，液压系统、操作油压、油位正常，无漏油、漏气现象，检查瓷套管无裂痕，无放电声和电晕。

（10）检查引线连接部位无过热现象，松弛度适中，绝缘子串无裂痕和脱落。

（11）检查断路器、刀闸分合位置指示正确，控制把手在"远方"位置，并同实际运行工况相符。

（12）检查接地装置完好。

（13）检查充油 PT 油位正常，无渗漏油现象。

（14）检查 SF_6 CT 气压正常，无漏气现象。

（十五）通信电源室巡回检查

（1）检查两个交流电源开关在合。

（2）检查四个工作模块工作正常（平时投三个）。

（3）检查输入、输出电压正常（输入 220V，输出 50V 以上）。

（4）检查蓄电池本体、蓄电池接头、支持件清洁完好，蓄电池无泄漏。

（5）检查空调运转正常，温度、湿度在正常范围内。

第二节　单点课程训练（OPL）

一、OPL 概述

OPL 即 One Point Lesson，也叫一点通、点滴教育，是一种在工作过程中进行培训的教育方式，是一种用以交流和培训的工具。进行 OPL 训练时，员工集中在现场不脱产进行训练。单点课程 OPL 的培训时间一般为 10min 左右，所以它还有一个名称，那就是叫 10min 教育。OPL 鼓励员工编写教材并作为辅导员进行培训，所以有一些企业把全员参与 OPL 活动称为"我来讲一课"。其内容主要是有关安全生产问题，包括知识、安全、巡检维护技巧等，本书主要是针对巡检过程中的主要部位，介绍巡检要点和技巧。

二、OPL 目的

OPL 可以在较短时间内增加知识和技能，这些知识和技能常常是员工随处可见和可能用到的，巡检作为运行值班的基本工作，包含内容较多，每次利用一个单点课程就可以掌握一点知识，日积月累，必然对业务技能大有益处。

三、作用和特点

OPL 能够令新员工尽快掌握规范的巡检或操作流程，老员工能够更好地提高工作效率，青年员工能够尽快适应新环境和熟悉新的操作流程，还可以培养出更多的技能人才。

其特点是制作方法是经过具有权威性的专家们总结经验，并经过实施实践出来的标准格式，按照其制作方法要求编辑。

四、运行值班巡检单点课程训练

巡检作为运行值班的基本工作，其工作面广、内容繁杂，对青年员工尤其是新员工而言，很难短时间内掌握，且由于专业跨度较大，需逐步学习掌握。

本书根据水电厂的一般的巡检内容，结合前面的巡检标准，针对主要的巡检部位，制作成单点巡检 OPL 单，见表 5-4～表 5-29，供大家学习参考。

表 5 - 4　　主变压器巡检 OPL 单

课程分类	基础知识（√）	问题实例（　）	改善实例（　）	管理编号	编写
主题				审核	批准

主变压器巡检注意事项

①主变冷却器控制箱（控制盘柜）：箱内交、直流进线电源及各把手位置。

②主变中性点地刀：位置及其控制电源投入情况。

③主变呼吸器（隔离除湿）：油位及硅胶颜色。

④主变低压侧封闭母线：运行无异响，主变本体及引入套管漏油情况。

⑤主变冷却器（冷却）：油泵、风机运行状态及油流流继电器指示位置。

⑥油枕：油枕油位在正常范围。

⑦主变高压侧套管：引出管无裂纹、无掉瓷现象、电缆头、母线等应接触良好、发红情况。导电部分无放电、发热。

⑧主变在线监测装置（放电监测）：电源投入正常。

⑨温度计（测量线温、油温）：主变油温、线温是否在正常范围

讲课人	听课人	日期

表 5 - 5

中控室巡检 OPL 单

课程分类	基础知识（√）	问题实例（　）	改善实例（　）	管理编号		编写	
主题		中控室巡检注意事项			审核	批准	

① 中控室模拟屏：6kV 厂用电、厂站 220kV 一次系统接线图及机组各开关指示正常且与实际工况相符；上、下游水位、线路频率、电压、电流表显示正常。

② 操作员 A 站：查看机组运行参数、机组控制权限及设备状态报警一览表。

③ 操作员 B 站：与操作员 A 站互为备用。

④ 调度合电话：接收调度机构下达指令并向调度机构汇报机组运行电话。

⑤ 工业电视：监视厂站设备的运行画面。

⑥ 中控办票机：办理工作票。

⑦ 数据采集站：机组监控界面及设备运行参数历史数据库

讲课人		听课人				日期	

表 5-6

机组直流巡检 OPL 单

课程分类	基础知识（√）	问题实例（　）	改善实例（　）	管理编号	编写
主题		机组直流系统巡检注意事项		审核	批准

①指示灯及操作把手：合母、控母电压正常范围，指示灯及蜂鸣器无报警信号，"操作把手"在自动位置。

②直流绝缘监测仪：直流Ⅰ段、Ⅱ段母线及各支路绝缘电阻值正常范围（50MΩ以上），"装置正常"在亮。

③蓄电池：本体、接头、支持件清洁完好，无漏酸、无焦糊味，各接头无过热现象。

④负荷屏3SP：除挂牌外各负荷开关正常投入。

⑤整流柜：充电机输出开关（11KK2、1KK）、电池开关（12KK2、2KK）、负荷总开关（13KK2、3KK）在"T"位置。

⑥负荷屏6SP：除挂牌外各负荷开关正常投入。

⑦环境：空调及排风扇运转正常，温度、湿度在正常范围内，空调排水管无漏水现象。

讲课人		听课人		日期	

表5-7　机头部分巡检OPL单

课程分类	基础知识（√）	问题实例（　）	改善实例（　）	管理编号	编写
主题		机头部分巡检注意事项		审核	批准

①机头指示灯及飞摆装置：机头运行指示灯指示与实际工况相符；飞摆装置无异响。

②桨叶进、出油管：桨叶进、漏油，出油管道连接处及压力表无渗油；受油器甩油正常，均匀；

③集电环室：集电环内有无油渍，无异物；上导油混水装置显示＜3.000%正常；上导翻版油位计指示在正常范围内。

④集电环及碳刷：转子集电环、碳刷的接触良好，无异音，无火花，无松动，引线无发热，碳刷磨损正常。

⑤桨叶反馈传感器：桨叶A/B套反馈值传感器安装接头位置一致，运行无卡滞，异响，传感器本体无脱落。

备注：夏季温度较高时，需安排临时风机对滑环室吹风降温

讲课人		听课人		日期	

表 5 - 8　监控系统现地控制单元 OPL 单

课程分类	基础知识（√）	问题实例	改善实例（　）	管理编号	编写		批准
主题		单元控制室巡检注意事项			审核		

①机组监控系统。a. LCUX - CP1：机组后备控制盘（含同期装置）。b. LCUX - CP2：机组监控系统自动控制盘。c. LCUX - CP3：机组监控电气/温度测量盘。

②励磁控制系统。a. 励磁调节柜：控制励磁功率单元的输出。b. 励磁功率柜：向同步发电机提供励磁电流。c. 灭磁开关：双断口灭磁开关。d. 励磁保护柜：防止转子过电压；

③调速器电调柜：盘面交、直流电源指示灯亮，故障报警灯在灭，紧急停机报警列表无故障报警显示；导叶/桨叶自动，工控机电源空开无脱扣；状态指示与工况相符。

④机组控制电源柜 LCUX - SP：交、直流电压表指示正常；各负荷电源空开无脱扣，I、II 分段运行；直流绝缘监测装置正常。

⑤保护柜 PP1/PP2：保护压板正常加用；保护装置无告警

讲课人		听课人		日期	

表 5－9　　励磁系统巡检 OPL 单

课程分类	基础知识（√）	问题实例（　）	改善实例（　）	管理编号		编写	
主题		励磁系统巡检注意事项				审核	批准

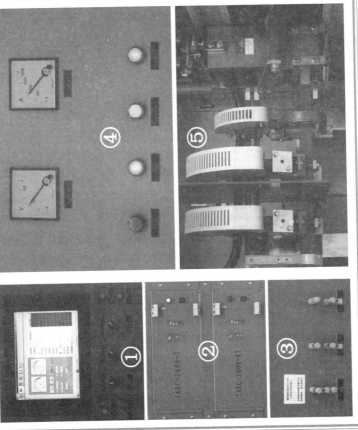

① 励磁柜控制：励磁装置系统投入正常，控制把手在"远方／自动"，盘面无报警；管理机上无告警信号，各数值在正常范围内，I、II 套调节器数据基本一致。

② 励磁柜指示灯：I、II 套调节器电源指示灯、运行信号灯，脉放电电源指示灯亮，正常情况下 I 套主用。

③ 断路器位置压板：正常压板投入，保护联动试验或者检修期间需要合出口断路器时需退出此压板。

④ 灭磁开关整制柜：各功率柜电流表指示正确、均流情况良好，指示灯状态正常，灭磁开关在合闸位置。

⑤ 灭磁开关：金属墙向外分开为分闸位置，断开灭磁开关后，检查此金属板位置看分闸位置。

讲课人			听课人			日期	

表 5 - 10

机组、主变消防系统巡检 OPL 单

课程分类	基础知识（√）	问题实例（ ）	改善实例（ ）	管理编号	编写	
主题		机组、主变消防系统巡检注意事项		审核	批准	

①主变、机组消防控制盘柜：盘面电源指示正常，控制把手位置正确，柜内开关位置正确，无焦煳味。

②机组消防管路：管路阀门位置正确无渗漏。

③机组消防滤水器：为保证机组消防水质清洁，在管路上设有两台滤水器，一台主用，一台备用。当滤水器前后压差超过 0.03MPa 时，滤水器自动清污。当厂区清洁用水管网水压大于 0.35MPa 时，发电机组可采用该水源直接灭火。

④消防系统主用/备用水源：一路经消防滤水器取自电厂坝前，一路取自本区清洁用水，正常情况由情节用水提供消防水源。

⑤主变消防管路：管路阀门位置正确无渗漏。

| | 讲课人 | | 听课人 | | 日期 | |

表 5-11 调速器电调盘巡检 OPL 单

课程分类	基础知识（√）	问题实例（ ）	改善实例（ ）	管理编号	编写
主题	调速器电调盘巡检注意事项			审核	批准

①状态指示灯：交、直流电源监视灯亮；故障报警灯熄灭；导叶/桨叶开限/开度表指示在正常范围；转速给定/转速、功率给定/功率表指示正常范围；面板状态指示与当前状态相符。

②导叶/桨叶控制方式选择按钮："远方/现地"控制把手在"远方"位置；导叶/桨叶在自动位置；可进行调速器 A/B 套切换，导叶/桨叶在"电自动""电手动""手动"切换，导叶/桨叶开限、增减导叶/桨叶开度。

③工控机屏：查看机组参数、报警信息及导叶开度，调速器"自动"操作方式且"停机"等待"状态、导叶驱动器有+600 输出脉冲、表示主配位置偏关。

④紧急停机：紧急状态时，确认发电机已与系统解列后，可按电调柜面板上"紧急停机"按钮或调柜 QSD，使导叶快速关到零。

	讲课人		听课人		日期

表 5 - 12

高 02 开关巡检 OPL 单

课程分类	基础知识（√）	问题实例（　）	改善实例（　）	管理编号	编号
				审核	批准
主题	高 02 开关巡检注意事项				

①022 刀闸：现地控制箱内刀闸控制电源在投；分合位置指示正确并同实际工况相符。

②02 开关控制柜：断路器分/合位置指示正确，"远方/现地"控制把手在"远方"位置，并同实际运行工况相符。

③开关动作机构油系统：检查断路器 SF$_6$ 气体压力正常；液压系统、操作油压、油位正常，无漏油、漏气现象。

备注：巡检记录高 02 开关动作次数、油泵启动次数

讲课人		听课人		日期	

表 5—13

厂用电 400V 系统巡检 OPL 单

课程分类	基础知识（√）	问题实例（ ）	改善实例（ ）	管理编号		编写	
主题	厂用电 400V 系统巡检注意事项				审核	批准	

①负荷开关：各负荷开关在正确位置，无脱扣现象。

②400V 变压器：温控仪电源在"投"，变压器线圈温度正常，运行无异音，接线良好无松动、发红。

③1 号进线开关：电压表、电流表指示正常，保护压板正常投入，盘面无保护动作指示，开关位置与实际运行工况相符。

④联络开关：电压表、电流表指示正常，保护压板正常投入，盘面无保护运行工况相符，BZT 在"投入"位置与实际运行工况相符。

⑤2 号进线开关：电压表、电流表指示正常，保护压板正常投入，盘面无保护动作指示，开关位置与实际运行工况相符。

⑥CSP2 0.4kV 配电柜控制电源柜：电源盘直流电源未投、交流电源正常，各负荷开关除挂牌外正常合上

讲课人		听课人			日期	

表 5-14　厂用电 6kV 系统巡检 OPL 单

课程分类	基础知识（√）	问题实例（　）	改善实例（　）	管理编号	编写
主题		厂用电 6kV 系统巡检注意事项		审核	批准

厂用电 6kV 系统巡检注意事项

①CSP1 6kV 控制电源柜：交、直流进线电源正常，除挂牌外所有负荷开关正常投投入，直流联络开关在断开，直流绝缘监测装置无异常告警。

②LCU4 CP1/CP2：盘面控制把手在"远方"位置，指示灯显示无异常，无报警信号，工控机显示实际运行方式相符。

③进线开关（611/612/613）：电气指示、机械指示与实际运行方式一致，盘柜无保护报警，控制方式在"远方"位置。

④PT（61PT、62PT、63PT）：零序电压表指示为"0"，母线相电压、线电压显示无异常，保护指示灯无告警。

⑤负荷开关：电气指示、机械指示与实际运行方式一致，盘柜无保护报警。

⑥联络开关：电气指示、机械指示与实际运行方式一致，盘柜无保护报警，控制方式在"远方"位置。

备注：正常情况，6kV BZT在投

讲课人		听课人		日期	

表 5 - 15

6kV 开关巡检 OPL 单

课程分类	基础知识（√）	问题实例（　）	改善实例（　）	管理编号	编写
主题	6kV 开关巡检注意事项			审核	批准

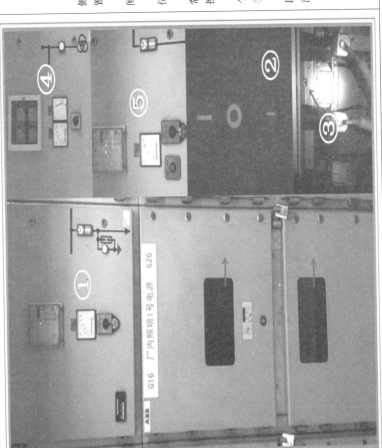

①开关控制箱：控制把手控制开关分合，右侧指示灯依次指示为开关在工作位置、合闸位置、地刀在分闸位置。

②开关本体指示：通过观察孔显示开关在合闸位置。

③地刀指示：通过观察孔显示地刀在分闸位置。

④母线 PT：通过电压表查看母线电压是否正常，右侧为母线 PT 在工作位置，控制把手切换查看 3 相线电压和相电压。

⑤联络开关控制箱：与负荷开关相比，多一个"现地/远方"选择把手，母线检修时要将把手切换到"现地"位置。

⑥6kV 至巡检时，检查各个开关的状态，各段母线的电压情况，无异响、无焦糊味，夏天注意着看风机投运情况，开关上方无漏水

				日期	

讲课人		听课人	

表 5－16

低压机气系统巡检 OPL 单

课程分类	基础知识（√）	问题实例（ ）	改善实例（ ）	管理编号	编号
主题		低压气系统巡检注意事项		审核	批准

①气罐安全阀：低压气罐压力值正常范围内，安全阀无动作。

②低压气罐：低压气罐进出口阀门，两个气罐之间联络阀位置正确无漏气；压力表显示正常范围。

③低压机：空压机出口阀门及有关管路阀门位置正确无漏气；空压机动力电源正常，面板"power"指示灯亮，面板在"远方控制"等报警显示，面板有"主机过载"闪烁时，按两次绿色按钮，使其停止闪烁，否则不能自动启动，低压机运行无异因，无剧烈震动，进风口无异物。

⑤低压机控制柜：柜内低压机电源投入正常各接头接触良好，无焦糊味。

⑥LCU6 CP1/CP2：远方/现地"控制把手在"远方"位置；工控机显示无异常，无报警信号；盘面指示灯显示参数与现地一致，且与实际运行方式相符。

备注：低压气供气范围包括机组动用气，空气围带用气、气动剪销用气和工业用气。

讲课人		听课人		日期	

表 5-17

中压气系统巡检 OPL 单

课程分类	基础知识（√）	问题实例（ ）	改善实例（ ）	管理编号	编写	批准
					审核	日期
主题	中压气系统巡检注意事项					

①中压气系统管路：中压气系统管路阀门法兰无漏气，各阀门位置正确；减压阀、排污装置及气水分离器工作正常；中压气系统干管压力表压力值稳定无波动且正常范围。

②中压气罐：中压气罐压力指示表压力正常，各阀门法兰位置正确、顶部安全阀无漏气，各阀门法兰位置正确动作。

③中压机：空压机运行无异音，无剧烈震动，各部温度正常；空压机卸载、加载声音正常；出口阀开启、管路阀门位置正确无漏气；地脚螺丝无松动、传送皮带完好无松动、无油垢，曲轴箱润滑油油面、油质、油色正常。

④中压空压机控制柜：空压机电源正常、运行方式正确，各保护及自动装置完整并正常投入，各整定值正确，控制盘面控制把手位置及指示灯指示正常，无报警显示。

讲课人		听课人	

表 5 - 18

水泵房巡检 OPL 单

课程分类	基础知识（√）	问题实例（　）	改善实例（　）	管理编号		编号	
主题		水泵房巡检注意事项			审核	批准	

① 检修泵：外壳无损伤，基础固定螺丝及盘根压紧螺丝牢固无松动；润滑油油位正常，油色正常；润滑水阀、复合排气阀情况全开，管路及排水阀门无漏水，排水泵运行过程中无异响或剧烈震动，电流正常范围。

② 渗漏泵：外壳无损伤，基础固定螺丝及盘根压紧螺丝牢固无松动；润滑油油位正常，油色正常；润滑水阀、复合排气阀情况全开，管路及阀门无漏水，排水泵运行过程中无异响或剧烈震动，电流正常范围。

③ 检修泵控制柜：盘面控制把手位置正确，各信号指示灯及表记指示正常；柜内动力电源及 PLC 电源正常，控制回路元件无过热或烧损，接线端子接触良好，无松动，不打火；检修井水位正常。

④ 渗漏泵控制柜：盘面控制把手位置正确，各信号指示灯及表记指示正常；柜内动力电源及 PLC 电源正常，控制回路元件无过热或烧损，接线端子接触良好，无松动，不打火；检修井水位正常

讲课人			听课人			日期	

表 5 - 19

机调柜巡检 OPL 单

课程分类	基础知识（√）	问题实例（ ）	改善实例（ ）	编写	管理编号
主题	机调柜巡检注意事项			批准	审核

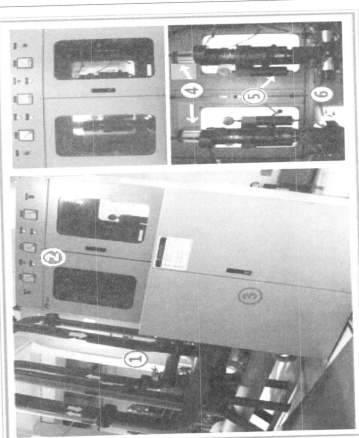

①导叶/桨叶操作油管：检查导叶/桨叶操作油管有无大量渗油，有无明显抽动。

②机调柜仪表指示：红色按钮为切为切手动操作按钮，正常状态为熄灭；仪表为频率表和桨叶导叶开度表。

③主配压阀：检查主配压阀有无大量渗油，有无明显抽动。

④导叶/桨叶控制杆：将操作杆拉下，向左、右将控制桨叶导叶开关，若导叶/桨叶抽动底部的连杆会上下抖动。

⑤导叶/桨叶滤油器：注意是否渗油，观察滤油器压力表与油罐压力表差值，若大于0.23MPa，需清洗滤油器。

⑥快速停机电磁阀：按下右边的按钮急停动作，按下左边的按钮复归，检修做实验后注意观察位置

讲课人	听课人	日期

表5-20

油压装置巡检 OPL 单

课程分类	基础知识（√）	问题实例（ ）	改善实例（ ）	编写	管理编号		
主题	油压装置巡检注意事项			批准	审核		

①油泵及出口组合阀：油泵及组合阀工作正常，运行稳定，无剧烈震动，打压及卸载过程正常。

②回油箱：回油箱油位在正常范围（480～750mm），内部无异音，各部无渗油。

③压力油罐：压力油压，油位正常（油压为3.6～4.0MPa，油位为600～750mm）；补气装置各液压管道正确，漏气管供气管道及各阀门无漏气，气压正常；翻版油位计与压力表送器显示正常，气压正常且与主站数值一致，压力变送器显示无跳变。

④静电滤油机：盘面指示正常，无异常报警，管路无渗油，漏油。

⑤油压装置控制柜：控制柜面指示灯状态及表记指示正常且与实际工况相符，柜内各电源开关正常，无异响，无焦糊味；油泵及补气控制把手均在自动位置；触摸屏显示油压、油位正常且无报警信号

讲课人		听课人		日期	

表 5-21

推力轴承巡检 OPL 单

课程分类	基础知识（√）	问题实例（　）	改善实例（　）	编写	批准
			管理编号	审核	

主题　推力轴承巡检注意事项

①推力轴承结构：各个部件的名称及位置。
②推力头：与镜板连接，承担转子及主轴重量。
③下风洞推力轴承：在下风洞查看推理冷却水管路无漏水，推力轴承无溢油。
④瓦托及推力瓦：推力油槽中透平油位高过推力瓦，顶转子或72h空转让推力瓦与镜板之间重新形成油膜。
⑤弹性油箱：所有弹性油箱连接在一起，通过弹性油箱使所有推力瓦在一个水平面、保持主轴及转子旋转稳定在中心线。
注：推力轴承巡检主要注意推力瓦温及油温在正常范围内，推力油槽油位在正常范围

讲课人	听课人	日期

表 5－22　风闸系统巡检 OPL 单

课程分类	基础知识（√）	问题实例（　）	改善实例（　）	管理编号	编写
主题	风闸系统巡检注意事项			审核	批准

①单控室风闸控制按钮：按下为进气状态，弹出为排气状态，正常情况在弹出状态，撤风闸灯亮。

②风闸：白色管路为气管路，红色为油管路，闸板在落下状态。

③闸板：机组转速 15% 时，投入风闸，闸板落下，摩擦转子下颚减速。

④自动进气管路：红色箭头为进气方向，白色为排气方向；自动进气阀在全开位置。

⑤手动进气管路：绿色箭头为手动进气方向。

注：巡检时查看有无漏气声，风闸顶起或落下指示灯是否正确。

讲课人	听课人	日期

表 5-23

送排风系统巡检 OPL 单

课程分类	基础知识（√）	问题实例（ ）	改善实例（ ）	管理编号	编写
主题	送排风系统巡检注意事项			审核	批准

①风机自动控制柜：各指示灯状态正常，控制把手在自动位置，显示屏可查看风机启动状态、启动电流的大小以及故障告警信息。

②现地风机控制盘柜：电源指示灯在亮，"远方/现地"控制把手在"自动"位置。

③厂房排、送风机室。

④水车室风机：运行时，无异响、转向正常。

⑤6K室排风机：运行时转向正常，皮带无松动、断裂。

备注：风机巡检检查风机运行情况，风机房门关闭，风机运行无异响，无焦糊味、转速及转向正常

讲课人		听课人		日期

表 5－24

技术供水系统巡检 OPL 单

课程分类	基础知识（√）	问题实例（　）	改善实例（　）	管理编号		编号	
主题		技术供水系统巡检注意事项			审核	批准	

①滤水器：两侧压力差在正常范围（<0.04MPa）；减速机电机运转正常，无发热，无异味；1 号、2 号滤水器现地电气控制箱内QF1、QF2 电源未断，盘面模式选择把手在"就地"位置，反冲洗控制把手在"切除"位置，电源选择把手在"关"。

②水控阀 YM1/YM2：水控阀开/关位置与实际工况相符；水控阀缠电器温度正常，无发热，无异味；停机或水控阀关状态下，水控阀控制管路排水管无排水。

③主轴密封：主轴密封水主、备用水源水压正常，减压阀前压力 0.4MPa，减压阀后压力0.2～0.3MPa；管路投切把手位置正确，且无漏水。

④技术供水控制屏 WP1/WP2：盘面指示灯状态及电压监视表指示正常且与实际工况相符；柜内各电源开关正常，无异响，无焦烟味；电源投切把手在"投"，"现地/远方"控制把手在"远方"位置

讲课人						听课人				日期	

表 5－25

水车室巡检 OPL 单

课程分类	基础知识（√）	问题实例（ ）	改善实例（ ）	管理编号		编写	
主题		水车室巡检注意事项				审核		批准	

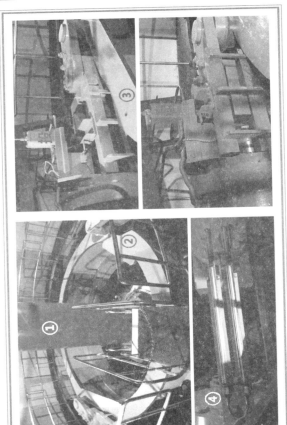

①水轮机：水轮机运行中无异音，过流部分无剧烈轰鸣声，震动、摆度在正常范围；剪断销无剪断，连杆和连接销无上窜；浮球式真空破坏阀无漏水；顶盖排水畅通，支持盖无明显积水、顶盖水位正常；水导轴承油槽无漏油和甩油现象，水导瓦无温、油混低于告警值无报警，接力器无异常抽动，控制环运行无卡涩。

②控制环、接力器：各管道、阀门、接头无漏油。

③锁锭：锁锭投退正常，无漏油、发卡现象。

④导叶传感器：导叶 A/B 套反馈值传感器安装接头位置一致，运行无卡涩，异响，传感器本体无脱落，导叶开度标尺数据与实际一致

						日期	
讲课人		听课人					

表 5 - 26　剪断销巡检 OPL 单

课程分类	基础知识（√）	同题实例（　）	改善实例（　）	管理编号	编写
主题		剪断销巡检注意事项		审核	批准

①剪断销、空气围带控制柜：盘面指示显示正确，气源压力表、剪断销压力表、空气围带压力表指示正确。

②剪断销供气管路：自动进气阀 X411 阀全开，手动进气阀 X412-1 阀全关，三通阀 X412-2 阀进气位置。

③空气围带供气管路：自动进气阀 X409 阀全关，手动进气阀 X410-1 阀全关，三通阀 X410-2 阀在排位置；手动投空气围带时，应检查机组转速为 0，因手动回路无减压阀，手动供气时空气围带压力控制在 0.4MPa 以下。

④剪断销：剪断销为空心，有气管与之连通，当导叶卡住，而拐臂继续动作时，剪断销将剪断，剪断销压力降低，指示灯电亮、报警

讲课人	听课人		日期

表 5-27

顶盖排水系统巡检 OPL 单

课程分类	基础知识（√）	问题实例（ ）	改善实例（ ）	管理编号		编写	
主题		顶盖排水巡检注意事项			审核	批准	

①排至尾水阀门：顶盖排水排至尾水时开启此阀门，且与排至渗漏井阀门不得同时开启。

②排至渗漏井阀门：顶盖排水排至渗漏井时开启此阀门，且与排至尾水阀门不得同时开启。

③顶盖泵出口阀门：顶盖排水泵出口阀门全开。

④顶盖排水泵控制柜：盘面电源指示及水位显示正常；指示灯常亮表示该泵启动状态，闪亮表示下一台启动的顶盖泵；水泵启动时注意观察水泵效率。

⑤控制柜闪电源：动力电源开关在合，继电器动作正确。

| 讲课人 | | 听课人 | | 日期 | |

表 5-28

大坝廊道排水泵房巡检 OPL 单

课程分类	基础知识（√）	问题实例（　）	改善实例（　）	管理编号	编写
主题		大坝廊道泵房巡检注意事项		审核	批准

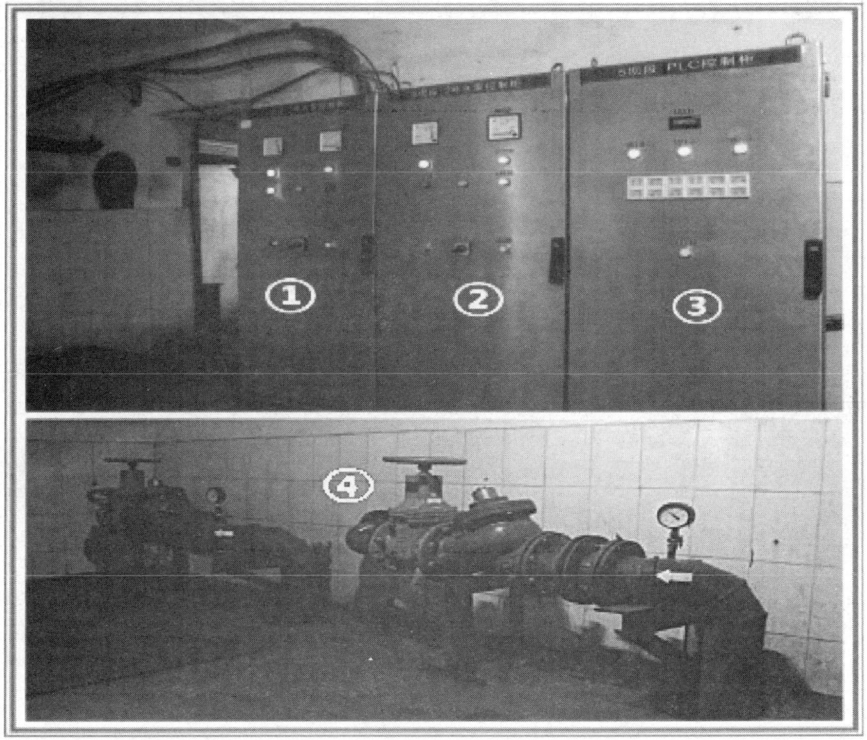

①1 号水泵控制柜：电压表、电流表指示灯指示正常，且与实际工况相符，无异常报警信号，水泵控制把手在"自动"位置。

②2 号水泵控制柜：电压表、电流表及指示灯指示正常，且与实际工况相符，无异常报警信号，水泵控制把手在"自动"位置。

③PLC 控制柜：电源指示正常，水位显示正常，盘面无告警；柜内接触器及继电器等电器设备及保护装置正常。

④水泵管路：水泵出口压力正常，各管路畅通，阀门状态正确，管路无渗水，水泵启动时，无异响，无剧烈振动，水泵启停正常，启泵时注意观察坝段水位，不得低水位空载运行

讲课人		听课人		日期	

表 5 - 29　　220kV 开关站巡检 OPL 单

课程分类	基础知识（√）	问题实例（　）	改善实例（　）	管理编号	编写
主题	220kV 开关站巡检注意事项			审核	批准

①电流互感器 CT：SF_6 CT 气压正常（20℃额定 SF_6 压力：0.4MPa），无漏气现象。

②隔离开关：三相断口分合是否到位，与主站位置信号一致，并同实际运行工况相符，对应现地控制箱内交、直流电源在"退"，控制方式在"0"位置。

③接地刀闸：正常运行时，开关在所有接地刀闸在"分"，对应现地控制箱内交、直流电源在"退"，控制方式在"0"位置。

④断路器：分合位置指示正确，与主站位置信号一致，并同实际运行工况相符，控制把手在"远方"位置。SF_6 气压、操作油压正常，无漏气、无漏油现象、瓷套管无裂痕，无放电声和电晕现象。各汇控柜电源开关在正常位置，指示灯指示正常。

讲课人	听课人	日期

第六章

TWI 知识及运行主要作业分解表

学习提示

　　内容：介绍 TWI 概念、内容，作业分解表概念，运行操作常见的作业分解表。

　　重点：运行操作主要的作业分解表。

　　要求：掌握运行操作主要的作业分解表内容；熟悉作业分解表的用途和方法；了解 TWI 相关知识。

第一节　TWI　基础知识

一、TWI 概述

　　在中国社会高速发展的环境下，如何快速提升一线生产主管的素养是很多企业面临的问题。对管理者和监督者的教育问题已经成为企业生存与发展的核心和原动力。

　　TWI（Training Within Industry），即督导人员训练，或一线主管技能培训，其源于第二次世界大战后。美国生产局重建日本经济过程中，发现日本技术劳动力潜力极为雄厚，但缺乏有效的督导人员，故引进 TWI 训练，培训了大量的督导人员，日本政府认识到此培训的重要性，为此组织企业成立日本产业训练协会，并由日本劳动省大力推广，对二战后日本经济得以迅速发展起到了极大的促进作用。现已是各个国家训练企业督导人员的必备教材。

　　TWI 是实施精益生产、丰田生产方式、TPM、5S 等各项工具和系统的基础。其为日本产业的发展做出了重大贡献。

二、TWI 基本理念及内容

　　TWI 训练的根本理念包含：尊重人性，即承认世间的每一个人的存在价值及尊严；用科学的方法，也就是要消除作业（业务）上的勉强、浪费及不均衡。另外，TWI 的基础训练是通过讨论与实践练习来进行的；该基础训练与知识相比更重视技能，即比应知更重视应会；其讲座的进展浅显易懂，有速效性。TWI的基础训练的特征是：定型化、标准化。TWI是针对一线班组长培训的基础课程。为彻底掌握基础原理与原则，高度定型化、标准化的课程具有很强的可复制性。

TWI主要内容如下：

（1）工作指导（JI）——使基层主管能够有效使用的程序，清楚地教部属工作的方法，使部属很快地接受到正确、完整的技术或指令。

（2）工作改善（JM）——使基层主管能用合理的利用程序，思考现场工作上的问题与缺失，并提出改进方案，提升工作的效率与效能。

（3）工作关系（JR）——使基层主管平时与部属建立良好人际关系，当部属发生人际或心理上的问题时，能冷静地分析，合情合理地解决。

（4）工作安全（JS）——使基层主管学习如何使类似灾害事故绝不再犯的对策和方法。

第二节　运行主要作业分解表

结合TWI训练的方法，我们组织有经验的运行人员按照程序编写了运行操作的主要作业分解表，并对新员工进行现场指导，已达到标准、规范地掌握操作方法，快速提高业务技能的目的。

作业分解表就是将某一具体工作进行分解，列出主要步骤和要点，并提供必要的设备、工具材料等，让有经验的员工进行现场教学指导，并不断沟通完善，最终达到标准化培训的目的。

一、悬挂三相短路接地线

作　　　业：悬挂三相短路接地线

作　业　物：地线（XJH_2-3携带型短路接地线）

工具及材料：验电器、扳手、绝缘手套

主要步骤 能促使工作顺利完成的主要作业程序	要　点
	（1）左右工作能否完成的作业内容——成败； （2）危及作业人员人身安全的作业内容——安全； （3）具备能使工作顺利完成的技术——易做
1. 验明无电	①相应电压等级合格验电器；②绝缘手套
2. 安装接地端	①接于专用接地扁铁；②安装牢靠
3. 安装导体端	①不碰瓷瓶类等其他设备；②安装牢靠

二、拆除三相短路接地线

作　　　业：悬挂三相短路接地线

作　业　物：地线（XJH$_2$-3携带型短路接地线）

工具及材料：验电器、扳手、绝缘手套

主要步骤 能促使工作顺利完成的主要作业程序	要　点 (1) 左右工作能否完成的作业内容——成败； (2) 危及作业人员人身安全的作业内容——安全； (3) 具备能使工作顺利完成的技术——易做
1. 拆除导体端	①不碰瓷瓶类等其他设备；②摆放整齐
2. 拆除接地端	摆放整齐
3. 收纳归位	①收纳整齐；②放回地线柜

三、厂用电 6kV 开关运行转检修

作　　　业：厂用电 6kV 开关运行转检修

作　业　物：6kV 开关（ABB ZS1 型开关柜）

工具及材料：开关柜摇把、开关摇把、远方/现地钥匙、闭锁钥匙

主要步骤 能促使工作顺利完成的主要作业程序	要　点 (1) 左右工作能否完成的作业内容——成败； (2) 危及作业人员人身安全的作业内容——安全； (3) 具备能使工作顺利完成的技术——易做
1. 确认状态	①开关编号；②开关位置；③开关状态
2. 解除闭锁	①闭锁钥匙编号；②旋转方向
3. 断开开关	①控制方式切现地；②将把手切至分位；③检查断开
4. 摇出开关	①开关摇把逆时针 20 圈；②摇速均匀
5. 拔出二次插拔	①打开锁扣；②水平向外
6. 移出开关	①用开关小车；②对准锁扣插入小车；③收回开关两侧锁耳，将开关拉入小车；④打开开关锁耳固定；⑤解除小车锁扣，移走小车和开关

四、厂用电 6kV 开关检修转运行

作　　　业：厂用电 6kV 开关检修转运行

作 业 物：6kV 开关（ABB ZS1 型开关柜）
工具及材料：开关柜摇把、开关摇把、远方/现地钥匙、闭锁钥匙

主要步骤 能促使工作顺利完成的主要作业程序	要 点 （1）左右工作能否完成的作业内容——成败； （2）危及作业人员人身安全的作业内容——安全； （3）具备能使工作顺利完成的技术——易做
1. 推入开关	①用开关小车；②对准锁扣插入小车；③收回开关两侧锁耳，将开关从小车推入柜体；④解除小车锁扣，移走小车和开关
2. 插上二次插拔	①水平向内；②合上锁扣
3. 摇入开关	①开关摇把顺时针 20 圈；②摇速均匀
4. 确认状态	①开关编号；②开关位置；③开关状态
5. 解除闭锁	①闭锁钥匙编号；②旋转方向
6. 合上开关	①控制方式切现地；②将把手切至合位；③检查合上

五、现地手动合 220kV 开关

作 业：现地手动合 220kV 开关

作 业 物：220kV 开关（西门子 3AQ1EE）

工具及材料：控制箱钥匙

主要步骤 能促使工作顺利完成的主要作业程序	要 点 （1）左右工作能否完成的作业内容——成败； （2）危及作业人员人身安全的作业内容——安全； （3）具备能使工作顺利完成的技术——易做
1. 打开控制箱	专用钥匙
2. 合电源开关	①交流电源开关；②直流电源开关
3. 切把手	①远控/近控控制把手切至近控；②自动/手动控制把手切手动
4. 合开关	①将控制箱内合闸按钮摁下；②检查开关三相合闸一致
5. 切把手	①控制把手切至 0 位
6. 断开交、直流电源开关	①断交、直流电源开关；②锁控制箱

六、现地手动分 220kV 开关

作　　　业：现地手动合 220kV 开关

作 业 物：220kV 开关（西门子 3AQ1EE）

工具及材料：控制箱钥匙

主要步骤 能促使工作顺利完成的主要作业程序	要　点 （1）左右工作能否完成的作业内容——成败； （2）危及作业人员人身安全的作业内容——安全； （3）具备能使工作顺利完成的技术——易做
1. 打开控制箱	专用钥匙
2. 合电源开关	①交流电源开关；②直流电源开关
3. 切把手	①远控/近控控制把手切至近控；②自动/手动控制把手切手动
4. 分开关	①将控制箱内分闸按钮摁下；②检查开关三相均分开
5. 切把手	①控制把手切至 0 位
6. 断开交、直流电源开关	①断交、直流电源开关；②锁控制箱

七、远方合 220kV 开关

作　　　业：远方合 220kV 开关（"监控系统后备控制盘"自动准同期合闸）

作 业 物：220kV 开关（西门子 3AQ1EE）

工具及材料：专用钥匙

主要步骤 能促使工作顺利完成的主要作业程序	要　点 （1）左右工作能否完成的作业内容——成败； （2）危及作业人员人身安全的作业内容——安全； （3）具备能使工作顺利完成的技术——易做
1. 控制方式切"现地/手动"	①专用钥匙；②"远方/现地"把手切"现地"；③"手动/自动"把手切"手动"
2. 投同期装置	①专用钥匙；②同期装置控制把手投入
3. 投自准合闸电源	①专用钥匙；②自准合闸电源控制把手投入；③检查开关自动合闸情况
4. 断自准合闸电源	①专用钥匙；②自准合闸电源控制把手放切
5. 切同期装置	①专用钥匙；②同期装置控制把手放切

八、远方分 220kV 开关

作　　　业：现地手动合 220kV 开关（"监控系统后备控制盘"操作）

作　业　物：220kV 开关（西门子 3AQ1EE）

工具及材料：专用钥匙

主要步骤 能促使工作顺利完成的主要作业程序	要　点 （1）左右工作能否完成的作业内容——成败； （2）危及作业人员人身安全的作业内容——安全； （3）具备能使工作顺利完成的技术——易做
1. 控制方式切"现地/手动"	①专用钥匙；②"远方/现地"把手切"现地"；③"手动/自动"把手切"手动"
2. 断开关	①专用钥匙；②开关分合控制把手切"分闸"位；③检查开关分闸情况

九、现地推上 220kV 刀闸

作　　　业：推上 220kV 刀闸

作　业　物：220kV 刀闸操作机构（型号：CJ12）

工具及材料：专用钥匙、220kV 验电器

主要步骤 能促使工作顺利完成的主要作业程序	要　点 （1）左右工作能否完成的作业内容——成败； （2）危及作业人员人身安全的作业内容——安全； （3）具备能使工作顺利完成的技术——易做
1. 打开控制箱	专用钥匙
2. 合上电源开关	①交流电源开关；②直流电源开关
3. 切把手	①控制把手切至近控
4. 验明无电	①220kV 合格验电器；②绝缘手套；③将绝缘杆拉至全开
5. 推刀闸	将控制箱内"合闸"按钮摁下
6. 切把手	控制把手切至 0 位
7. 断开电源开关	①交流电源开关；②直流电源开关
8. 锁上控制箱	专用钥匙

十、现地拉开 220kV 刀闸

作　　　业：拉开 220kV 刀闸

作　业　物：220kV 刀闸操作机构（型号：CJ12）

工具及材料：专用钥匙

主要步骤 能促使工作顺利完成的主要作业程序	要　点 （1）左右工作能否完成的作业内容——成败； （2）危及作业人员人身安全的作业内容——安全； （3）具备能使工作顺利完成的技术——易做
1. 打开控制箱	专用钥匙
2. 合上电源开关	①交流电源开关；②直流电源开关
3. 切把手	①控制把手切至近控
4. 拉刀闸	①将控制箱内"分闸"按钮摁下
5. 切把手	①控制把手切至 0 位
6. 断开电源开关	①交流电源开关；②直流电源开关
7. 锁上控制箱	专用钥匙

十一、远方（主站）推上 220kV 刀闸

作　　　业：推上 220kV 刀闸

作　业　物：220kV 刀闸操作机构（型号：CJ12）、机组监控系统（中水科 H9000 系统）

工具及材料：专用钥匙、220kV 验电器

主要步骤 能促使工作顺利完成的主要作业程序	要　点 （1）左右工作能否完成的作业内容——成败； （2）危及作业人员人身安全的作业内容——安全； （3）具备能使工作顺利完成的技术——易做
1. 打开控制箱	专用钥匙
2. 合上电源开关	①交流电源开关；②直流电源开关
3. 切把手	①控制把手切至远控
4. 验明无电	①220kV 合格验电器；②绝缘手套；③将绝缘杆拉至全开
5. 系统登录	用户名和密码

主要步骤	要　点
能促使工作顺利完成的主要作业程序	（1）左右工作能否完成的作业内容——成败； （2）危及作业人员人身安全的作业内容——安全； （3）具备能使工作顺利完成的技术——易做
6. 推上刀闸	①操作员站中的主控站；②核实编号和状态；③单击后确认；④现地核实已推上
7. 切把手	现地控制把手切至 0 位
8. 断开电源开关	①交流电源开关；②直流电源开关
9. 锁上控制箱	专用钥匙

十二、远方（主站）拉开 220kV 刀闸

作　　　　业：拉开 220kV 刀闸

作　业　物：220kV 刀闸操作机构（型号：CJ12）、机组监控系统（中水科 H9000 系统）

工具及材料：专用钥匙

主要步骤	要　点
能促使工作顺利完成的主要作业程序	（1）左右工作能否完成的作业内容——成败； （2）危及作业人员人身安全的作业内容——安全； （3）具备能使工作顺利完成的技术——易做
1. 打开控制箱	专用钥匙
2. 合上电源开关	①交流电源开关；②直流电源开关
3. 切把手	①控制把手切至远控
4. 系统登录	用户名和密码
5. 拉开刀闸	①操作员站中的主控站；②核实编号和状态；③单击后确认；④现地核实已拉开
6. 切把手	现地控制把手切至 0 位
7. 断开电源开关	①交流电源开关；②直流电源开关
8. 锁上控制箱	专用钥匙

十三、主站开停机

作　　　　业：主站开停机组

作　业　物：机组监控系统（中水科 H9000 系统）

工具及材料：<u>操作员站（中控室）</u>

主要步骤 能促使工作顺利完成的主要作业程序	要 点 （1）左右工作能否完成的作业内容——成败； （2）危及作业人员人身安全的作业内容——安全； （3）具备能使工作顺利完成的技术——易做
1. 用户登录	用户名和密码
2. 选定主控站	①设备管理画面；②设定主控、备用操作员站
3. 控制权切主站	机组控制画面
4. 开机/停机	①值长/调度授权；②核实机组编号和状态；③单击选择开机步骤后确认
5. 流程监视	开停机流程画面

十四、主站调整负荷

作　　　业：<u>主站调整负荷</u>

作　业　物：<u>机组监控系统（中水科 H9000 系统）</u>

工具及材料：<u>操作员站（中控室）</u>

主要步骤 能促使工作顺利完成的主要作业程序	要 点 （1）左右工作能否完成的作业内容——成败； （2）危及作业人员人身安全的作业内容——安全； （3）具备能使工作顺利完成的技术——易做
1. 用户登录	用户名和密码
2. 选定主控站	①设备管理画面；②设定主控、备用操作员站
3. 控制权切主站	机组控制画面
4. 负荷调整	①值长/调度授权；②核实机组编号和状态；③设定后确认

十五、技术供水系统通水试验

作　　　业：<u>技术供水系统通水试验</u>

作　业　物：<u>技术供水系统（甲厂 1 号机组技术供水系统为例）</u>

工具及材料：<u>技术供水远方/现地钥匙</u>

主要步骤 能促使工作顺利完成的主要作业程序	要　点 （1）左右工作能否完成的作业内容——成败； （2）危及作业人员人身安全的作业内容——安全； （3）具备能使工作顺利完成的技术——易做
1. 阀门检查	①无破损；②位置正确
2. 滤水器检查	①切换正常；②正常排污
3. 管路通水	①全开管路阀门：1201 - 1、1203 - 1、1206 - 1、1210、1211、YM1（YM2）、YM7、YM9；②全关 YM8、YM10
4. 通水检查	①各部水压、流量正常，指示正确；②无渗漏现象；③按规定流量整定示流器报警接点
5. 恢复操作	全关 YM1（YM2）

十六、顶盖排水系统试验

作　　　业：顶盖排水系统试验

作　业　物：顶盖排水系统（甲厂1号机组顶盖排水系统为例）

工具及材料：接水软管

主要步骤 能促使工作顺利完成的主要作业程序	要　点 （1）左右工作能否完成的作业内容——成败； （2）危及作业人员人身安全的作业内容——安全； （3）具备能使工作顺利完成的技术——易做
1. 顶盖充水	①软管接于水车室门口水阀；②水位一般 900mm 左右
2. 阀门操作	①全开顶盖排水阀及相关排水管路阀门：1250、1251、1252、1253、1254、1255 阀；②全关另一路排水管路阀门：1256、1257 阀
3. 手动启动	①合上电源开关；②依次手动启动1、2、3、4 好泵
4. 自动启动	①把手切至自动；②盘面无报警

十七、调速器机调柜伺服电机测温

作　　　业：调速器机调柜伺服电机测温

作　业　物：伺服电机（日本 SMWT A 型伺服电机）

工具及材料：红外测温仪、记录簿、笔

主要步骤 能促使工作顺利完成的主要作业程序	要 点 （1）左右工作能否完成的作业内容——成败； （2）危及作业人员人身安全的作业内容——安全； （3）具备能使工作顺利完成的技术——易做
1. 检查红外测温仪	①红外测温仪显示正常，电源充足；②环境温度并做好记录
2. 伺服电机测温	①测温仪对准伺服电机；②不误碰其他设备；③记录数据；④比较分析数据

十八、13.8kV PT 一次侧熔断器更换

作　　　业：13.8kV PT 一次侧熔断器更换

作 业 物：一次侧熔断器（PT柜型号：PT-15；熔断器型号：$RN_2-20/0.5$）

工具及材料：熔断器、绝缘手套、解锁钥匙

主要步骤 能促使工作顺利完成的主要作业程序	要 点 （1）左右工作能否完成的作业内容——成败； （2）危及作业人员人身安全的作业内容——安全； （3）具备能使工作顺利完成的技术——易做
1. 拉出 PT 手车	①解锁 13.8kV PT 柜门；②拉出 13.8kV PT 手车
2. 更换 PT 熔断器	①戴绝缘手套、护目眼镜；②取下熔断了的熔断器；③换上电压等级相应该的新熔断器
3. 推进 PT 手车	①推进 13.8kV PT 手车；②锁好柜门
4. 投运	投入运行、观察 13.8kV PT 表计正常

十九、熔断器检测

作　　　业：熔断器检测

作 业 物：熔断器（型号：$RN_2-20/0.5$）

工具及材料：电子式万用表

主要步骤 能促使工作顺利完成的主要作业程序	要 点 （1）左右工作能否完成的作业内容——成败； （2）危及作业人员人身安全的作业内容——安全； （3）具备能使工作顺利完成的技术——易做

主要步骤 能促使工作顺利完成的主要作业程序	要　点 （1）左右工作能否完成的作业内容——成败； （2）危及作业人员人身安全的作业内容——安全； （3）具备能使工作顺利完成的技术——易做
1. 万用表检查	①电源是否充足；②黑笔插入万用表 COM 槽，红笔插入万用表 VΩ 槽
2. 熔断器检测	黑笔和红笔分别与熔断器的两端金属体接触
3. 读数	①读数为无穷大说明熔断器已坏；②若显示为 0，则熔断器为好

二十、调速器油罐补气

作　　　业：调速器油罐补气

作　业　物：调速器油罐（$V=15\text{m}^3$、$P=4.0\text{MPa}$）

工具及材料：无

主要步骤 能促使工作顺利完成的主要作业程序	要　点 （1）左右工作能否完成的作业内容——成败； （2）危及作业人员人身安全的作业内容——安全； （3）具备能使工作顺利完成的技术——易做
1. 中压气干管压力正常	①检查中压气系统减压后压力在正常范围
2. 油位正常	①检查压油罐油位在正常范围
3. 补气	①切除其他机组、事故油罐自动补气回路；②打开调速器油罐手动补气阀补气
4. 油罐压力正常	①将油罐压力补至正常压力以上；②建压过程中注意保持油气比（一般为 1 : 2）
5. 关闭补气阀	①关闭手动补气阀；②打开自动补气回路阀门；③恢复其他机组、事故油罐自动补气回路

二十一、现地手动开导叶

作　　　业：现地手动开导叶

作　业　物：机调柜（调速器型号：DFWST - 150 - 4.0 - STARS)

工具及材料：无

主要步骤 能促使工作顺利完成的主要作业程序	要　点 （1）左右工作能否完成的作业内容——成败； （2）危及作业人员人身安全的作业内容——安全； （3）具备能使工作顺利完成的技术——易做
1. 机组控制方式切"现地/手动"	①切LCU1-CP1盘（监控系统后备控制盘）"现地/远方"把手至"现地"位置；②切LCU1-CP1盘"手动/自动"把手至"手动"位置
2. 拔锁锭	①在LCU1-CP1盘上按下拔出锁锭按钮；②现地检查锁锭已拔出
3. 油压装置正常	①检查1号机组油压、油位正常；②油泵控制工作正常
4. 导叶控制方式切机手动	①在1号机组机调柜上将导叶机手动按钮摁下；②观察导叶机手动指示灯亮
5. 开导叶	①缓慢匀速顺时针操作1号机导叶手柄开启导叶；②开启过程中注意观察导叶开度表，开至100%停止，将导叶操作手柄复位；③现地检查导叶全开

二十二、现地手动投机组风闸

作　　　业：现地手动投机组风闸（以甲电厂1号机组为例，见图4-7）

作 业 物：风闸（型号：ZD220-Ⅱ）

工具及材料：无

主要步骤 能促使工作顺利完成的主要作业程序	要　点 （1）左右工作能否完成的作业内容——成败； （2）危及作业人员人身安全的作业内容——安全； （3）具备能使工作顺利完成的技术——易做
1. 检查气源气压正常	①检查风闸总供气阀1401在全开位置；②检查1号机制动气压正常
2. 全关风闸自动进气阀	①全关1号机制动闸下腔自动进气阀1406；②全关1号机制动闸上腔自动进气阀1403
3. 上腔接通排气	①切1号机制动闸上腔三通阀1404-2至排气位置；②全开1号机制动闸上腔手动进气阀1404-1
4. 下腔接通进气	①切1号机制动闸下腔三通阀1407-2至进气位置；②全开1号机制动闸下腔手动进气阀1407-1
5. 检查风闸位置	现地检查机组风闸已全部投上

二十三、现地自动投机组风闸

作　　　业：现地自动投机组风闸（以甲电厂1号机组为例，见图4-7）

作　业　物：**风闸（型号：ZD220 - Ⅱ）**
工具及材料：**手电筒**

主要步骤 能促使工作顺利完成的主要作业程序	要　点 （1）左右工作能否完成的作业内容——成败； （2）危及作业人员人身安全的作业内容——安全； （3）具备能使工作顺利完成的技术——易做
1. 检查气源气压正常	①检查 1 号机风闸总供气阀 1401 在全开位置；②检查 1 号机制动气压正常
2. 检查风闸自动回路正常	①1403 阀、1406 阀全开；②1404 - 1 阀、1407 - 1 阀全关
3. 机组控制方式切"现地/手动"	①切 LCU1 - CP1 盘（监控系统后备控制盘）"现地/远方"把手至"现地"位置；②切 LCU1 - CP1 盘"手动/自动"把手至"手动"位置
4. 投风闸	摁下风闸投入按钮
5. 检查风闸位置	现地检查 1 号机组风闸已全部投上

二十四、中压气罐排污

作　　　业：**中压气罐排污**
作　业　物：**中压气罐（$V = 1.5m^3$、$P = 6.4MPa$）**
工具及材料：**手套、耳塞**

主要步骤 能促使工作顺利完成的主要作业程序	要　点 （1）左右工作能否完成的作业内容——成败； （2）危及作业人员人身安全的作业内容——安全； （3）具备能使工作顺利完成的技术——易做
1. 系统检查	①检查中压气系统压力正常；②检查中压机正常
2. 打开排污阀	①缓慢打开中压储气罐排污阀；②注意观察排出物，直至无污物排出位置；③一般宜带耳塞进行工作
3. 关闭排污阀	检查有无漏气现象

二十五、远方启动厂房风机

作　　　业：**远方启动厂房风机**
作　业　物：**厂房风机控制系统（型号：QYF - 1000）**
工具及材料：**手电筒、风机室钥匙**

主要步骤 能促使工作顺利完成的主要作业程序	要　点 （1）左右工作能否完成的作业内容——成败； （2）危及作业人员人身安全的作业内容——安全； （3）具备能使工作顺利完成的技术——易做
1. 风机控制方式确认	①风机本体外观无异常；②现地控制盘柜显示控制方式为"远方、自动"
2. 集控盘控制方式确认	①直流室内操作；②集控盘控制方式切"手动"位置
3. 启动风机	①集控盘触摸屏手动操作启动
4. 检查参数	集控盘观察启动电流在正常范围内
5. 现地检查	①检查风机运行情况；②风机运行无异响

二十六、高频通道试验（高杆二回线）

作　　　　业：高频通道试验（高杆二回线）

作　业　物：收发信机（型号：PCS－912）

工具及材料：无

主要步骤 能促使工作顺利完成的主要作业程序	要　点 （1）左右工作能否完成的作业内容——成败； （2）危及作业人员人身安全的作业内容——安全； （3）具备能使工作顺利完成的技术——易做
1. 高频电压试验	①按下"高频电压"按钮；②按下"通道试验"按钮；③按下"信号复归"按钮
2. 高频电流试验	①按下"高频电流"按钮；②按下"通道试验"按钮；③按下"信号复归"按钮
3. 记录数据	①记录数据；②检查数据是否正常

二十七、主变冷却器轮换

作　　　　业：主变冷却器轮换

作　业　物：主变冷却器（型号：YF$_2$－200）

工具及材料：无

主要步骤 能促使工作顺利完成的主要作业程序	要　点 （1）左右工作能否完成的作业内容——成败； （2）危及作业人员人身安全的作业内容——安全； （3）具备能使工作顺利完成的技术——易做
1. 确认当前冷却器运行方式	①现场核对；②查阅上次操作票
2. 切换冷却器	①备用切至运行；②工作切至辅助；③辅助切至备用；④至少保证一组在运行
3. 检查冷却器运行正常	①如果变压器在运行状态，直接检查；②如果变压器在备用状态，将控制把手切至"试验"位置，检查正常后切回"工作"位置

第七章

常见倒闸操作案例解析

学习提示

　　内容：介绍倒闸操作的基本概念、要求，倒闸操作前的注意事项和准备工作，操作票的填写要求，并对常见倒闸操作票进行解析。

　　重点：倒闸操作前的注意事项、操作票的填写。

　　要求：了解倒闸操作的基本概念；熟悉各类倒闸操作的思路、操作票的填写要求，熟悉操作前的注意事项；掌握常见倒闸操作票内容。

第一节　倒闸操作基本知识

一、倒闸和倒闸操作

　　电气设备的状态一般分为运行、备用（热备用和冷备用）、检修三种状态。将设备由一种状态转变为另一种状态的过程叫倒闸，所进行的操作叫倒闸操作。

　　倒闸操作是运行值班人员日常最重要的工作之一。操作人员应严格执行相关规则制度、充分发挥应有的技术水平、具备高度的责任心。事故处理所进行的操作，实际上是特定条件下的紧急倒闸操作。严格遵守规程制度，认真执行操作监护制，正确实现电气设备状态的改变和转换，保证发电厂、变电所和电网安全、稳定、经济地连续运行，保证用户的用电安全不受影响，是电力系统各级调度、电气值班人员及电工在倒闸操作中的责任和任务。

二、倒闸操作的基本要求

　　（1）停电操作应按照"断路器→负荷侧隔离开关→电源侧隔离开关"的顺序依次进行，送电合闸操作按相反的顺序进行。不应带负荷拉合隔离开关。

　　（2）非程序操作应按操作任务的顺序逐项操作。

　　（3）雷电天气时，不宜进行电气操作，不应进行现地电气操作。

　　（4）用绝缘棒拉合隔离开关、高压熔断器，或经传动机构拉合断路器和隔离开关，均应戴绝缘手套。

（5）雨天操作室外高压设备时，应使用有防雨罩的绝缘棒，并穿绝缘靴、戴绝缘手套。

（6）装卸高压熔断器，应戴护目眼镜和绝缘手套，必要时使用绝缘夹钳，并站在绝缘物或绝缘台上。

（7）在高压开关柜的手车开关拉至"检修"位置后，应确认隔离挡板已封闭。

（8）操作后应检查各相的实际位置，无法观察实际位置时，可通过间接方式确认该设备已操作到位。

（9）发生人身触电时，应立即断开有关设备的电源。

三、倒闸操作前的注意事项

倒闸操作前，值班人员要认真考虑如下问题：

（1）改变后的运行方式是否正确、合理及可靠。

1）在确定运行方式时，应优先采用运行规程中规定的各种运行方式，使电气设备及继电保护尽可能处在最佳状态运行。

2）制定临时运行方式时，应根据以下原则：①保证设备出力、满发满供，不过负荷；②保证运行的经济性、系统功率潮流合理，机组能较经济地分配负荷；③保证短路容量在电气设备的允许范围之内；④保证继电保护及自动装置正确运行及配合；⑤厂用电可靠；⑥运行方式灵活，操作简单，处理事故方便。

（2）倒闸操作是否会影响继电保护及自动装置的运行。在倒闸操作过程中，如果预料有可能引起某些保护或自动装置误动或失去正确配合，要提前采取措施或将其停用。

（3）要严格把关，防止误送电，避免发生设备事故及人身触电事故。为此，在倒闸操作前应遵守以下要求：

1）在送电的设备及系统上，不得有人工作，工作票应全部收回。同时设备要具备以下运行条件：①发电厂或变电所的设备送电，线路及用户的设备必须具备受电条件；②一次设备送电，相应的二次设备（控制、保护、信号、自动装置等）应处于备用状态；③电动机送电，所带机械必须具备转动条件，否则靠背轮应甩开；④防止下错令，将检修中的设备误接入系统送电。

2）设备预防性试验合格，绝缘电阻符合规程要求，无影响运行的重大缺陷。

3）严禁约时停送电、约时拆挂地线或约时检修设备。

4）新建电厂或变电所，在基建、安装、调试结束及工程验收后，设备正式投运前，应经本单位主管领导同意及电网调度所下令批准，方可投入运行，以免忙中出错。

（4）制定倒闸操作中防止设备异常的各项安全技术措施，并进行必要的准备。

（5）进行事故预想。电网及变电所的重大操作，调度员及操作人员均应做好事故预想；发电厂内的重大电气操作，除值长及电气值班人员要做好事故预想外，汽机、锅炉等主要车间的值班人员也要做好事故预想。事故预想要从电气操作可能出现的最坏情况出发，结合本专业的实际，全面考虑。拟定的对策及应急措施要具体可行。

四、保证作业安全的措施

电气设备上工作应有保证安全的相关措施，措施一般可以分为组织措施和技术措施，组织措施有工作票、操作票制度，技术措施有停电、验电、装设接地线、悬挂标示牌和装设遮栏（围栏）等保证安全的措施。

五、倒闸操作前的准备工作

（1）接受操作任务。操作任务通常由操作指挥人或操作领导人（调度员或值长）下达，是进行倒闸操作准备的依据。有计划的复杂操作或重大操作，应尽早通知有关单位准备。接受操作任务后，值班负责人（班长）要首先明确操作人及监护人。

（2）确定操作方案。根据当班设备的实际运行方式，按照规程规定，结合检修工作票的内容及地线位置，综合考虑后确定操作方案及操作步骤。

（3）填写操作票。操作票的内容及步骤，是操作任务、操作意图及操作方案的具体化，是正确执行操作的基础和关键。填写操作票务必严肃、认真、正确。操作票必须由操作人填写；填好的操作票应进行审查，达到正确无误；特定的操作，按规定也可使用固定操作票。

（4）准备操作用具及安全用具，并进行检查。

此外，准备停电的设备如带有其他负荷，倒闸操作的准备工作还包括将这些负荷倒出的操作。

六、操作票填写

（1）操作票是操作前填写操作内容和顺序的规范化票式，可包含编号、操作任务、操作顺序、操作时间，以及操作人和监护人签名等。

（2）操作票由操作人员填用，每张票填写一个操作任务。

（3）操作前应根据模拟图或接线图核对所填写的操作项目，并经审核签名。

（4）下列项目应填入操作票：拉合断路器和隔离开关，检查断路器和隔离开关的位置，验电、装拆接地线，检查接地线是否拆除，安装或拆除控制回路或电压互感器回路的保险器，切换保护回路和检验是否确无电压等；在高压直流输电系统中，启停系统、调节功率、转换状态、改变控制方式、转换主控站、投退控制保护系统、切换换流变压器冷却器及手动调节分接头、控制系统对断路器的锁定等操作。

事故紧急处理、程序操作、拉合断路器（开关）的单一操作，以及拉开全站仅有的一组接地刀闸或拆除仅有的一组接地线时，可不填用操作票。

第二节　操作状态令术语

一、水电厂主要设备状态术语

（一）检修

设备的所有刀闸均在拉开位置，检修工作所需安全措施（含接地刀闸、接地线、临时遮栏等，下同）已布置完毕。

1. 开关检修

开关及其两侧刀闸均在拉开位置，开关两侧接地刀闸均在合上位置（或挂好接地线），开关的断路器保护在退出状态。对于重合闸按开关配置的，开关的重合闸应在退出状态；对于重合闸由线路保护启动的，开关对应的线路重合闸应在退出状态。

2. 线路检修

线路两侧刀闸、直流融冰刀闸及线路高压电抗器（含抽能高压电抗器，下同）刀闸均在拉开位置，线路两端接地刀闸均在合上位置（或挂好接地线），线路全套保护、远跳及过电压保护、线路高压电抗器全套保护均在退出状态。

3. 变压器检修

变压器各侧刀闸均在拉开位置，变压器各侧接地刀闸均在合上位置（或挂好接地线），变压器全套保护在退出状态。

4. 发电机检修

发电机出口刀闸在拉开位置，检修工作所需安全措施已布置完毕，发电机全套保护在退出状态。

5. 发变组检修

发变组出口刀闸在拉开位置，检修工作所需安全措施已布置完毕，发变组全套保护在退出状态。

6. 母线检修

母线上所有刀闸均在拉开位置，母线接地刀闸在合上位置（或挂好接地线）。对于 3/2 开关接线方式的母线，其母差保护应在退出状态；对于双母线接线方式的母线，其母差保护的状态由网调值班调度员根据母线保护配置情况和检修工作需要决定。

（二）备用

设备处于完好状态，其所有安全措施已全部拆除，随时可以投入运行。

1. 发电机备用

发电机出口刀闸在拉开位置，其所有安全措施已全部拆除，发电机全套保护在投入状态。

2. 发变组备用

发变组出口刀闸在拉开位置，其所有安全措施已全部拆除，发变组全套保护在投入状态。

3. 热备用

设备所有安全措施已全部拆除，设备各侧对应开关均在拉开位置，设备各侧刀闸在合上位置，设备保护均在投入状态。

4. 冷备用

设备所有安全措施已全部拆除，设备的刀闸均在拉开位置。

（1）开关冷备用。开关所有安全措施已全部拆除，开关及其两侧刀闸均在拉开位置。开关的断路器保护在退出状态。对于重合闸按开关配置的，开关的重合闸应在退出状态；对于重合闸由线路保护启动的，开关对应的线路重合闸应在退出状态。

（2）线路冷备用。线路所有安全措施已全部拆除，线路两侧刀闸及直流融冰刀闸均在拉开位置，线路全套保护、远跳及过电压保护均在投入状态。

（3）变压器冷备用。变压器所有安全措施已全部拆除，变压器各侧刀闸均在拉开位置，变压器全套保护在投入状态。

（4）母线冷备用。母线所有安全措施已全部拆除，母线上所有刀闸均在拉开位置，母线保护在投入状态。

（三）运行

运行指设备的刀闸和对应开关都在合上位置，设备带有标称电压。

充电运行指设备带有标称电压但不接带负荷。

二、设备状态变更指令术语

（一）开关

1. ××开关由运行转热备用

拉开该运行开关。

2.××开关由热备用转冷备用

拉开该开关两侧刀闸，退出该开关的断路器保护及单相重合闸。

3.××开关由冷备用转检修

合上该开关两侧接地刀闸（或挂好接地线）。

4.××开关由运行转冷备用

依次按第1、第2条所规定的步骤操作。

5.××开关由运行转检修

依次按第1、第2、第3条所规定的步骤操作。

6.××开关由热备用转检修

依次按第2、第3条所规定的步骤操作。

7.××开关由检修转冷备用

将该开关有关安全措施全部拆除（开关两侧接地刀闸全部拉开，接地线全部拆除）。

8.××开关由冷备用转热备用

投入该开关的断路器保护及单相重合闸，合上该开关两侧刀闸。

9.××开关由热备用转运行

合上该开关。

10.××开关由检修转热备用

依次按第7、第8条所规定的步骤操作。

11.××开关由检修转运行

依次按第7、第8、第9条所规定的步骤操作。

12.××开关由冷备用转运行

依次按第8、第9条所规定的步骤操作。

（二）线路

1.××线由运行转热备用

拉开该线路对应的运行开关。

2.××线由热备用转冷备用

对于3/2开关接线方式中未装设出线刀闸的线路或双母线接线方式的线路（包括单母线接线方式及发变组单元接线方式的线路，下同）指：拉开该线路对应开关的两侧刀闸，退出该线路对应开关的断路器保护及单相重合闸。

对于3/2开关接线方式中装设有出线刀闸的线路指：拉开该线路出线刀闸。

3.××线由冷备用转检修

对于3/2开关接线方式中未装设出线刀闸的线路或双母线接线方式的线路指：合上该线路的接地刀闸，合上该线路对应开关两侧的接地刀闸，退出线路全套保护、远跳及过电压保护。如线路带有高压电抗器，则还应拉开该线路高压电抗器刀闸，合上高压电抗器接地刀闸，退出高压电抗器全套保护。

对于 3/2 开关接线方式中装设有出线刀闸的线路指：合上该线路的接地刀闸，退出线路全套保护、远跳及过电压保护。如线路带有高压电抗器，则还应拉开该线路高压电抗器刀闸，合上高压电抗器接地刀闸，退出高压电抗器全套保护。

4. ××线由检修转冷备用

对于 3/2 开关接线方式中未装设出线刀闸的线路或双母线接线方式的线路指：拉开该线路的接地刀闸，拉开该线路对应开关两侧的接地刀闸，投入线路全套保护、远跳及过电压保护。如线路带有高压电抗器，则还应拉开该线路高压电抗器接地刀闸，投入高压电抗器全套保护，合上高压电抗器刀闸。

对于 3/2 开关接线方式中装设有出线刀闸的线路指：拉开该线路的接地刀闸，投入线路全套保护、远跳及过电压保护。如线路带有高压电抗器，则还应拉开该线路高压电抗器接地刀闸，投入高压电抗器全套保护，合上高压电抗器刀闸。

5. ××线由冷备用转热备用

对 3/2 开关接线方式中未装设出线刀闸的线路或双母线接线方式的线路指：投入该线路对应开关的断路器保护及单相重合闸，合上该线路对应开关的两侧刀闸。

对于 3/2 开关接线方式中装设有出线刀闸的线路指：合上该线路出线刀闸。

6. ××线充电

合上该线路对应开关对线路充电。

7. ××线并列

在该线路已由对侧充电的情况下，线路本侧对应开关经准同期装置并列。

8. ××线合环

在该线路已由对侧充电的情况下，线路本侧对应开关经准同期装置合环。

（三）变压器

1. ××变压器由运行转热备用

拉开该变压器各侧运行开关。

2. ××变压器由热备用转冷备用

拉开该变压器的各侧刀闸。

3.××变压器由冷备用转检修

退出变压器全套保护，合上变压器各侧接地刀闸（或挂好接地线）。

4.××变压器由运行转冷备用

依次按第1、第2条所规定的步骤操作。

5.××变压器由运行转检修

依次按第1、第2、第3条所规定的步骤操作。

6.××变压器由热备用转检修

依次按第2、第3条所规定的步骤操作。

7.××变压器由检修转冷备用

与该变压器有关的安全措施全部拆除（变压器各侧接地刀闸全部拉开，接地线全部拆除），投入该变压器全套保护。

8.××变压器由冷备用转热备用

合上变压器各侧刀闸（检修要求不能合或方式明确不合的刀闸除外）。

9.××变压器由热备用转运行

合上该变压器的各侧开关（检修要求不能合或方式明确不合的开关除外）。

10.××变压器由检修转热备用

依次按第7、第8条所规定的步骤操作。

11.××变压器由检修转运行

依次按第7、第8、第9条所规定的步骤操作。

12.××变压器由冷备用转运行

依次按第8、第9条所规定的步骤操作。

（四）发电机

1.××机并网

经准同期装置合上该发电机出口开关，发电机并入电网运行，并按现场规程要求完成发电机并网的其他操作。

2.××机解列

拉开该发电机出口开关，发电机与电网解列，并按现场规程要求完成发电机解列的其他操作。

3.××机由备用转检修

按该发电机检修工作需要布置安全措施，退出该发电机全套保护，并按现场规程要求完成发电机由备用转检修的其他工作。

4.××机由检修转备用

该发电机的所有安全措施全部拆除，投入该发电机全套保护，并按现场规程要求完成该发电机由检修转备用的其他工作。

（五）发变组

1．××机变并网

经准同期装置合上该发变组出口开关，发变组并入电网运行，并按现场规程要求完成发变组并网的其他操作。

2．××机变解列

拉开该发变组出口开关，发变组与电网解列，并按现场规程要求完成发变组解列的其他操作。

3．××机变由备用转检修

按该发变组检修工作需要布置安全措施，退出该发变组全套保护，并按现场规程要求完成该发变组由备用转检修的其他工作。

4．××机变由检修转备用

该发变组的所有安全措施全部拆除，投入该发变组全套保护，并按现场规程要求完成该发变组由检修转备用的其他工作。

（六）母线

1．××kV×号母线由运行转冷备用

对于双母线接线的母线，将该母线上所有运行和备用元件倒至另一母线，并将母联开关转冷备用。对于3/2开关接线的母线，将该母线上所有运行开关转冷备用。

2．××kV×号母线由冷备用转检修

由厂（站）现场根据检修工作需要布置具体安全措施（合上该母线接地刀闸或挂好接地线）。对于3/2开关接线方式的母线，还应退出其母差保护；对于双母线接线方式的母线，其母差保护的状态由网调值班调度员根据母线保护配置情况和检修工作需要决定。

3．××kV×号母线由运行转检修

依次按第1、第2条所规定的步骤操作。

4．××kV×号母线由检修转冷备用

拆除该母线上所有安全措施，投入该母线的母差保护。

5．××kV×号母线由冷备用转运行

对于双母线接线的母线，在母线保护已投入的情况下，将母联开关转运行。

对于3/2开关接线的母线，在母线保护已投入的情况下，将该母线上对应开关转运行（有检修要求或运行方式明确不合的刀闸和开关除外）。

6．××kV×号母线由检修转运行

依次按第4、第5条所规定的步骤操作。

7. ××kV 母线方式倒为正常方式

即倒为调度机构已明确规定的母线正常接线。

第三节 常见倒闸操作案例解析

本节针对运行工作中常见的倒闸操作案例进行解析说明，首先说明操作票的填写思路，然后逐条解释每项操作的目的，以便初学者更好的掌握。如无特殊说明，均以 1 号机组为例。

一、机组由备用转检修（机械部分）操作说明

机组由备用转检修（机械部分）操作说明见表 7 - 1。

表 7 - 1 　　　　　　　机组由备用转检修（机械部分）操作说明

1 号机组由备用转检修（机械部分）操作说明

填写思路说明：本操作票目的是将备用机组机械部分转为检修态，其中包括关闭机组压力油系统、技术供水和气系统；将机组锁锭拔出，导叶全开，风闸撤除。从而进行机组机械设备检修工作

序号	操 作 项 目	项 目 说 明
1	检查 1 号机蜗壳已无压	蜗壳内设备有检修工作时，需将蜗壳内积水排空，检修人员才能安全进行检修工作
2	检查 1 号机组"现地/远方"把手在"现地"位置	防止主站远方误操作
3	切 1 号机组"手动/自动"把手至"手动"位置	现地将机组锁锭拔出，并断开控制电源，防止检修期间由于其他因素而误操作
4	在 LCU1 - CP1 盘上拔 1 号机锁锭	
5	现地检查 1 号机锁锭已拔出	
6	断开 LCU1 - SP 盘直流 I 段水机后备保护电源 1DS3	
7	切 1 号机调速器机调柜桨叶"手动/自动"把手至"手动"位置	现地手动全开导叶，便于检修。操作前确保水车室无人工作
8	切 1 号机调速器机调柜导叶"手动/自动"把手至"手动"位置	
9	在 1 号机调速器机调柜上手动全开导叶	
10	现地检查 1 号机导叶已全开	
11	全关 1 号机事故配压阀备用油源供油阀 1110 阀	切断机组主用、备用动力操作油源，使接力器和导叶不能动作，保证安全
12	全关 1 号机事故配压阀主用油源供油阀 1104 阀	
13	全开 1 号机事故配压阀排油阀 1107 阀	排除调速器压力管道内压力油
14	检查 1 号机集油槽联络阀 1130 阀在全关位置	保持 1 号机组回油箱与其他机组回油箱隔离

续表

序号	操 作 项 目	项目说明
15	拔出1号机紧急停机电磁阀1DP电动头	切除机组事故停机电磁阀控制插头，避免误动
16	拔出1号机过速停机电磁阀2DP电动头	
17	检查1号机技术供水蜗壳取水阀1201-2阀在全关位置	关闭机组技术供水阀门，切断水源，便于设备检修
18	全关1号机技术供水坝前取水阀1201-1阀	
19	全关1号机技术供水联络阀1202阀	
20	全关1号机1号滤水器进口阀1203-1阀	
21	全关1号机2号滤水器进口阀1203-2阀	
22	全关1号机主轴密封水清洁水源总进水阀1228阀	关闭机组主轴密封水主、备用水源阀门，切断密封水源，便于设备检修
23	全关1号机主轴密封水主用水源进水阀1226阀	
24	全关1号机主轴密封水备用水源进水阀1220阀	
25	全关1号机主轴密封水备用水源进水阀1221阀	
26	全关1号机技术供水排水阀1210阀	关闭机组技术供水排至尾水阀门，防止尾水倒灌
27	全关1号机技术供水排水总阀1211阀	
28	将1号机组顶盖水位抽至最低	断开顶盖排水泵电源前先将顶盖水位抽至最低，便于检修工作
29	切1号机1号顶盖排水泵控制把手至"0"位置	将4台顶盖排水泵控制把手切，断开顶盖泵的操作和动力电源，保证工作安全
30	切1号机2号顶盖排水泵控制把手至"0"位置	
31	切1号机3号顶盖排水泵控制把手至"0"位置	
32	切1号机4号顶盖排水泵控制把手至"0"位置	
33	断开1号机顶盖排水泵控制柜内1号顶盖排水泵动力电源开关1KK	
34	断开1号机顶盖排水泵控制柜内2号顶盖排水泵动力电源开关2KK	将4台顶盖排水泵控制把手切，断开顶盖泵的操作和动力电源，保证工作安全
35	断开1号机顶盖排水泵控制柜内3号顶盖排水泵动力电源开关3KK	
36	断开1号机顶盖排水泵控制柜内4号顶盖排水泵动力电源开关4KK	
37	断开1号机机旁盘动力柜内1号顶盖排水泵电源开关6KK	
38	断开1号机机旁盘动力柜内2号顶盖排水泵电源开关7KK	

序号	操 作 项 目	项目说明
39	断开 400V 室 1P 盘上 1 号机 3 号顶盖排水泵电源开关 1P1	将 4 台顶盖排水泵控制把手放切，断开顶盖泵的操作和动力电源，保证工作安全
40	断开 400V 室 5P 盘上 1 号机 4 号顶盖排水泵电源开关 5P37	
41	全关 1 号机 1 号顶盖排水泵出口阀 1250 阀	关闭顶盖排水泵出口阀，便于检修和防止尾水倒灌
42	全关 1 号机 2 号顶盖排水泵出口阀 1251 阀	
43	全关 1 号机 3 号顶盖排水泵出口阀 1252 阀	
44	全关 1 号机 4 号顶盖排水泵出口阀 1253 阀	
45	现地检查 1 号机风闸已落下	
46	全关 1 号机风闸进气阀 1401 阀	
47	全关 1 号机风闸下腔自动进气阀 1406 阀	
48	切 1 号机风闸下腔三通阀 1407－2 阀至排气位置	检修前落风闸，并关闭风闸供气总阀，防止漏气，便于设备检修
49	全开 1 号机风闸下腔手动进气阀 1407－1 阀	
50	全关 1 号机风闸上腔自动进气阀 1403 阀	
51	切 1 号机风闸上腔三通阀 1404－2 阀至排气位置	
52	全开 1 号机风闸上腔手动进气阀 1404－1 阀	
53	检查 1 号机风闸气源压力表指示为零	
54	全关 1 号机空气围带进气阀 1402 阀	
55	检查 1 号机空气围带自动进气阀 1409 阀在全关位置	撤除空气围带，并关闭空气围带、剪断销供气气源总阀，防止漏气
56	检查 1 号机空气围带手动进气阀 1410－1 阀在全关位置	
57	检查 1 号机空气围带三通阀 1410－2 阀在排气位置	
58	检查 1 号机空气围带压力表指示为零	
59	悬挂标示牌（此处省略）	提醒相关人员未经许可不得擅自变更安全措施
60	全面检查	再次确认检修所做安全措施完整无误

二、机组由备用转检修（一次部分）操作说明

机组由备用转检修（一次部分）操作说明见表 7－2。

表 7 - 2   **机组由备用转检修（一次部分）操作说明**

1号机组由备用转检修（一次部分）操作说明

填写思路说明：本张操作票的目的是将备用机组的电气部分转为检修态，再进行相关检修工作；所以必须将待检设备所有来电的可能都切除，并投入相关地刀或悬挂地线，防止突然意外来电，以确保安全

序号	操 作 项 目	项 目 说 明
1	现地检查1号主变高压侧高21开关三相在断开位置	防止出现带负荷拉刀闸
2	合上高21开关线路侧高212刀闸操作箱内高212刀闸直流控制电源开关	刀闸有交流操作电源和直流控制电源两路；一般正常情况下，刀闸交直流电源断开，需操作时投入
3	合上高21开关线路侧高212刀闸操作箱内高212刀闸交流操作电源开关	
4	切高21开关线路侧高212刀闸操作箱内"遥控/近控"把手至"遥控"位置	212刀闸是机组检修设备的一个明显断开点，与系统隔离；刀闸分远方（中控室）和现地操作两种方式，考虑到安全因素，刀闸一般远方（中控室）操作
5	联系主站拉开高21开关线路侧高212刀闸	
6	现地检查高21开关线路侧高212刀闸三相已拉开	现场确认三相完全到位，与主站信号显示一致
7	切高21开关线路侧高212刀闸操作箱内"遥控/近控"把手至"0"位置	恢复212刀闸措施，防止误操作
8	断开高21开关线路侧212刀闸操作箱内交流操作电源开关	
9	断开高21开关线路侧212刀闸操作箱内直流控制电源开关	
10	断开保护室3PP1盘后高21开关分相操作箱电源Ⅰ开关4K1	断开高21开关电源，防止检修期间因其他工作而误动
11	断开保护室3PP1盘后高21开关分相操作箱电源Ⅱ开关4K2	
12	检查直流室6SP盘上1号机2号启励电源开关DS1在断开位置	将励磁系统与直流系统进行隔离
13	断开直流室3SP盘上1号机1号启励电源开关DS1	
14	检查6kV　611开关在断开位置	防止带负荷拉刀闸

续表

序号	操作项目	项目说明
15	切 6kV 611 开关"远方/现地"控制方式至"现地"位置	将检设备与 6kV 隔离；增加明显断开点；分开操作逆时针摇 20 圈
16	摇 6kV 611 手车开关至检修位置	
17	检查 1 号机出口刀闸 011 刀闸三相在断开位置	检查 011 刀闸状态；断开相关电源，防止误操作
18	断开 1 号机出口刀闸 011 刀闸操作箱内操作电源开关	
19	断开 400V 室 1P 盘上 1 号机出口刀闸 011 刀闸操作电源开关 1P10	
20	断开 400V 室 1P 盘上 1 号机主变冷却器 1 号电源开关 1P4	断开待检设备相关电源，保证检修安全
21	断开 400V 室 3P 盘上 1 号机主变冷却器 2 号电源开关 3P18	
22	切 1 号机 LCU1—CP1 盘上"现地/远方"控制把手至"现地"位置	防止远方误发信号
23	断开 1 号机灭磁开关 1FMK	将设备置为检修态；断开相关电源
24	断开 1 号机单控室 LCU1－SP 盘上直流 I 段灭磁开关操作电源开关 1DS12	
25	断开 LCU1－SP 盘上直流 I 段主变压器控制电源开关 1DS9	断开与主变相关的电源
26	断开 LCU1－SP 盘上直流 I 段主变中性点地刀 217 控制电源开关 1DS8	
27	拉开 1 号机中性点接地刀闸 017	大地作为导体，防止区外故障引入电流
28	检查 1 号机中性点接地刀闸 017 已拉开	
29	拔出 1 号机 1PT 三相二次插把	将设备置为检修态；检修期间测量需测量相关 PT 保险阻值等
30	拉 1 号机 1PT 三相小车至检修位置	
31	拔出 1 号机 2PT 三相二次插把	
32	拉 1 号机 2PT 三相小车至检修位置	
33	拔出 1 号机 3PT 三相二次插把	
34	拉 1 号机 3PT 三相小车至检修位置	
35	拔出 1 号机 4PT 三相二次插把	
36	拉 1 号机 4PT 三相小车至检修位置	

序号	操作项目	项目说明
37	验明 1 号机 4PT 高压侧已无压,在 1 号机 4PT 高压侧悬挂一组临时三相短路接地线( )号	防止意外来电,保证人身安全;挂地线前需要先验电,防止带电挂地线;先挂接地端,再挂设备端,且应戴绝缘手套;地线型号根据设备选择;6117 地刀需要 6kV 专用摇把操作,合上后与设备柜体上分、合指示器对应
38	验明 3PT 高压侧确无电压,在 3PT 高压侧悬挂一组临时三相短路接地线( )号	
39	验明 611 开关至 11B 之间确无电压,合上 6117 地刀	
40	合上 2127 地刀操作箱内 2127 刀闸直流控制电源开关	与刀闸同理;地刀一般在现地操作;合地刀前需要先验电,防止带电合地刀;验电前须确保验电器能正常工作,可在临近带电部分验证其是否正常工作
41	合上 2127 地刀操作箱内 2127 刀闸直流控制电源开关	
42	切 2127 地刀操作箱内"遥控/近控"把手至"近控"位置	
43	验明高 21 开关至高 212 刀闸之间确无电压,合上 2127 地刀	
44	检查 2127 地刀三相已合上	
45	切 2127 地刀操作箱内"遥控/近控"把手至"0"位置	
46	断开 2127 地刀操作箱内 2127 刀闸交流操作电源开关	
47	断开 2127 地刀操作箱内 2127 刀闸直流控制电源开关	
48	合上 2117 地刀操作箱内 2117 刀闸直流控制电源开关	
49	合上 2117 地刀操作箱内 2117 刀闸交流操作电源开关	
50	切 2117 地刀操作箱内"遥控/近控"把手至"近控"位置	
51	验明高 21 开关至 01B 主变之间确无电压,推上 2117 地刀	
52	检查 2117 地刀三相已合上	
53	切 2117 地刀操作箱内"遥控/近控"把手至"0"位置	
54	断开 2117 地刀操作箱内 2117 刀闸交流操作电源开关	
55	断开 2117 地刀操作箱内 2117 刀闸直流控制电源开关	

序号	操 作 项 目	项 目 说 明
56	验明 1 号机主变高压侧三相确无电压，在 1 号机主变高压侧悬挂一组三相短路接地线（　）号	防止高压架空线路产生感应电
57	悬挂标示牌（此处省略）	告知相关人员设备未经允许不能擅自变更措施
58	全面检查	再次确认检修所做安全措施完整无误

三、机组油压装置压力油罐撤压操作说明

机组油压装置压力油罐撤压操作说明见表 7 - 3。

表 7 - 3 　　　　　　　　**机组油压装置压力油罐撤压操作说明**

1 号机组油压装置压力油罐撤压操作说明

填写思路说明：本张操作票目的是将机组压力油罐内压力完全撤除，保证检修工作安全进行；如有油罐内部和本体检修工作时需要将油罐内透平油排至回油箱。撤压前检查机械大票所有安全措施已执行完

序号	操 作 项 目	项 目 说 明
1	检查 1 号机压力油罐出口阀 1104 阀在全关位置	关闭压油罐向调速器系统主供油阀，并与之隔离，避免设备误动，保证检修工作安全
2	检查 1 号机集油槽联络阀 1130 阀在全关位置	将 1 号机组回油箱与 3 号机组和事故油箱隔离
3	切 1 号机调速器 1 号压油泵控制把手至"0"位置	
4	切 1 号机调速器 2 号压油泵控制把手至"0"位置	
5	切 1 号机调速器压力油罐自动补气阀控制开关把手至"0"位置	将油泵控制把手切、自动补气把手放切，使压油罐不再进行自动补气和打油；断开压油泵动力电源，避免误操作和保证检修工作安全
6	断开 1 号机油压装置控制柜内 1 号机调速器 1 号压油泵动力电源开关	
7	断开 1 号机油压装置控制柜内 1 号机调速器 2 号压油泵动力电源开关	
8	断开 400V 1P 上 1 号机油压装置 1 号油泵电源开关 1P3	
9	断开 400V 3P 上 1 号机油压装置 2 号油泵电源开关 3P17	

续表

序号	操 作 项 目	项 目 说 明
10	检查1号机压力油罐排油阀1102阀在全关位置	将压力油罐与其回油箱隔离
11	全关1号机压力油罐进油阀1103阀	
12	全关1号机调速器1号压油泵出口阀1101-1阀	
13	全关1号机调速器2号压油泵出口阀1101-2阀	
14	全关1号机压力油罐进气阀1301阀	打开手动排气阀，直至压力油罐内压力为零
15	检查1号机压力油罐供气阀1303阀在全开位置	
16	检查1号机压力油罐手动补气阀1302-1阀在全关位置	
17	全开1号机压力油罐手动排气阀1302-3阀	
18	检查1号机压力油罐油压为零	
19	全开1号机压力油罐进油阀1103阀	如有排油工作要求，将油罐内透平油排至回油箱；执行此操作时根据经验可在油罐压力未完全降至零之前利用残压增加排油速度和排油量
20	全开1号机压力油罐排油阀1102阀	
21	检查1号机压力油罐油位为零	
22	悬挂标示牌（此处省略）	提醒相关人员未经许可不得擅自变更安全措施
23	全面检查	再次确认检修所做安全措施完整无误

四、机组压力油罐建压操作说明

机组压力油罐建压操作说明见表7-4。

表7-4　　　　　　　　机组压力油罐建压操作说明

1号机组压力油罐建压操作说明

填写思路说明：本张操作票目的是将检修结束后的压力油罐内压力、油位恢复至正常状态，满足正常运行或试验条件。另外，建压期间可进行相关压力节点测量工作

序号	操 作 项 目	项 目 说 明
1	检查1号机组压力油罐相关检修工作已结束	核实相关检修工作已完工，工作票注销后才能恢复安全措施
2	检查1号机调速器主供油阀1104阀全关	检查油罐向调速器系统供油阀全关，避免接力器误动，保证检修安全

续表

序号	操 作 项 目	项目说明
3	检查1号机集油槽联络阀1130阀全关	保持1号机组回油箱与其他机组回油箱隔离；三台机组、事故油箱之间设有联络阀
4	检查1号机回油箱油位正常	检查回油箱内油量正常、充足
5	检查1号机压力油罐油位正常	检查油罐内油位正常（检修未排油）
6	检查1号机油压装置组合阀滤油器1100-1阀在全开位置	检查2台油泵出口组合阀滤油器相关阀门在全开位置，保证油泵启动时油流畅通，避免未开时油泵启动憋压损坏
7	检查1号机油压装置组合阀滤油器1100-2阀在全开位置	
8	检查1号机油压装置组合阀滤油器1100-3阀在全开位置	
9	检查1号机油压装置组合阀滤油器1100-4阀在全开位置	
10	检查1号机压力油罐排油阀1102阀在全关位置	保证压力油罐至回油箱排油阀全关，避免建压时油罐内油返流至回油箱
11	检查1号机压力油罐进油阀1103阀在全开位置	检查回油箱至压力油罐进油阀全开，保证打压时压力油顺利流向压力油罐
12	全开1号机压力油罐1号压油泵出口阀1101-1阀	启泵前须全开油泵出口阀，保证油泵正常运行和油流畅通
13	全开1号机压力油罐2号压油泵出口阀1101-2阀	
14	检查1号机单控室内LCU1-SP盘上直流Ⅱ段调速器油压装置GP3开关在合	GP3开关为油泵出口组合阀电磁阀的控制电源，正常在合，保证油泵启动时组合阀电磁阀正常动作
15	合上400V室1号机1号油泵动力电源开关1P3	合上油泵400V 1P、3P上的动力电源
16	合上400V室1号机2号油泵动力电源开关3P17	
17	检查1号机油压装置盘柜上1号压油泵控制把手放切	检查油泵控制把手在切，避免因误上电造成油泵误动作
18	检查1号机油压装置盘柜上2号压油泵控制把手放切	

续表

序号	操　作　项　目	项　目　说　明
19	合上1号机油压装置控制柜内1号压油泵动力电源开关	合上油压装置控制盘柜内油泵电源；每台机组油压装置设置2台压力油泵，启动方式为主、备轮换，正常情况下由油压装置PLC程序控制自动运行
20	合上1号机油压装置控制柜内2号压油泵动力电源开关	
21	手动启动1号机油压装置1号压油泵	手动启动一台油泵，将压力油罐油位打至正常位置；观察油罐油位正常后将油泵放切
22	检查1号机油压装置压力油罐油位打至正常位置	
23	将1号机油压装置盘柜上1号压油泵控制把手放切	
24	检查1号机油压装置盘柜上自动补气把手放切	油罐检修时自动控制把手已放切；建压时用手动补气方式连续补气，自动补气方式放切
25	检查1号机压力油罐手动补气阀1302-1阀全关	建压前油罐手动补气阀门在全关状态
26	全关1号机压力油罐手动排气阀1302-3阀	油罐撤压时手动补气阀全开排气，建压前需将手动排气阀关闭
27	检查1号机压力油罐进气阀1303阀全开	油罐进气阀正常在全开位置，保证建压油罐正常进气
28	检查2号机压力油罐油压正常	为保证1号机组压力油罐建压时快速和气量充足，暂将其他机组和事故油罐自动补气停止；先检查其他机组和事故油罐油压装置油压、油位均正常后，再切除其相应自动补气把手；若1号机建压时，其他机组在正常运行，应注意运行机组的油压、油位正常，必要时暂停建压工作，恢复其自动补气
29	切2号机压力油罐自动补气装置控制把手至"0"位置	
30	检查3号机压力油罐油压、油位正常	
31	切3号机压力油罐自动补气装置控制把手至"0"位置	
32	检查事故压力油罐油压、油位正常	
33	切事故压力油罐自动补气装置控制把手至"0"位置	
34	检查中压气系统压力正常	建压前保证中压气系统正常运行
35	全开1号机压力油罐总供气1301阀	开启1号机组压力油罐总供气阀及手动补气阀进行补气建压
36	全开1号机压力油罐手动补气阀1302-1阀	
37	检查1号机压力油罐油压正常	将压力油罐油压建至正常压力；建压时注意观察中压气系统压力，如果系统压力低于备用中压机启动压力时，关闭手动补气阀暂停建压工作，待系统压力恢复至正常压力时再进行补气。注意油罐内油、气比例，必要时采取措施调整

序号	操 作 项 目	项 目 说 明
38	检查 1 号机回油箱油位正常	检查机组回油箱内油量正常；一般建压后油箱内油位下降，联系检修人员及时将油量补充至正常位置，保证油压装置正常运行
39	全关 1 号机压力油罐手动补气阀 1302 - 1 阀	油罐内压力正常后关闭手动补气阀停止补气
40	切 1 号机油压装置 1 号压油泵控制把手至"自动"位置	将机组油泵控制把手恢复至自动控制方式，保证油泵正常自动运行
41	切 1 号机油压装置 2 号压油泵控制把手至"自动"位置	
42	切 1 号机油压装置自动补气控制把手至"自动"位置	将机组自动补气控制把手恢复至自动补气方式，保证补气装置正常运行方式
43	切事故压力油罐自动补气装置控制把手至"自动"位置	恢复其他机组和事故油压装置自动补气方式至自动位置，保证其正常运行
44	切 2 号机压力油罐自动补气装置控制把手至"自动"位置	
45	切 3 号机压力油罐自动补气装置控制把手至"自动"位置	
46	全面检查	再次检查所做安全措施正确无误

五、机组技术供水系统通水试验操作说明

机组技术供水系统通水试验操作说明见表 7 - 5。

表 7 - 5 **机组技术供水系统通水试验操作说明**

1 号机组技术供水系统通水试验操作说明

填写思路说明：本张操作票目的是将机组技术供水系统检修工作结束后，暂时恢复技术供水安全措施，完成技术供水系统通水试验，以检查技术供水系统检修后是否具备正常运行条件。如果通水试验正常，检修合格，其他相关检修工作已完成，安措恢复后也可保持正常运行状态

序号	操 作 项 目	项 目 说 明
1	核实相关工作已结束	核实 1 号机组技术供水系统检修工作已结束，具备通水试验条件

序号	操作项目	项目说明
2	检查 1 号机主轴密封水备用水源进水阀 1220 阀在全关位置	若主轴密封水系统检修未结束或不进行主轴密封水试验，则检查主轴密封水主、备用阀门在关闭状态。主轴密封水设有两路水源：主用水源为厂房清洁水，备用水源为滤水器后取水。当主用水源消失或压力不能满足要求时备用水源自动投入
3	检查 1 号机主轴密封水主用水源进水阀 1226 阀在全关位置	
4	检查 1 号机主轴密封水备用水源进水阀 1221 阀在全关位置	
5	检查 1 号机主轴密封水备用水源进水阀 1227 阀在全关位置	
6	检查 1 号机组技术供水水控阀 YM1 阀在全关位置	检修时水控阀在全关位置（方便检修工作、防止尾水倒灌）。 水控阀的启闭由电动三通阀控制：当水控阀上腔与大气连通时，水控阀开启；当水控阀上腔与压力水源相通时，水控阀关闭。水控阀上腔排水至技术供水层排水沟
7	检查 1 号机组技术供水水控阀 YM2 阀在全关位置	
8	全开 1 号机技术供水排水总阀 1211 阀	通水前先将技术供水排水至下游尾水总阀全开，保持通水时畅通
9	全开 1 号机技术供水排水阀 1210 阀	为 1211 排水总阀的上一级阀门，通水前需全开
10	全开 1 号机技术供水复合排气阀 1205-1 阀	通水前，开启复合排气阀，试验后关闭。 作用：排除管内的气体，疏通管道，保证管道正常工作；防止管道出现负压引起振动或破裂
11	全开 1 号机技术供水复合排气阀 1205-2 阀	
12	全开 1 号机技术供水复合排气阀 1209-1 阀	
13	全开 1 号机技术供水复合排气阀 1209-2 阀	
14	全开 1 号机上风洞内空气冷却器复合排气阀	原理同上；空气冷却器复合排气阀共计 8 个
15	检查 1 号机组滤水器排污总阀 1204-3 阀在全开位置	此阀为技术供水两个滤水器的排污阀门，若无相关检修工作需保持全开状态
16	检查 1 号机组技术供水总供水阀 1200 阀在全开位置	为技术供水管道供水阀，正常通水时需保持全开状态
17	检查 1 号机技术供水蜗壳取水阀 1201-2 阀在全关位置	每台机组技术供水取水分两路：主用坝前取水（1201-1）、备用蜗壳取水（1201-2），两者互为备用；正取水用坝前取水（1201-1），备用取水阀门常关

序号	操 作 项 目	项 目 说 明
18	全开1号机技术供水坝前取水阀1201-1阀	开启坝前取水总阀
19	全开1号机技术供水联络阀1202阀	开启技术供水联络阀门，保持正常运行时机组两台滤水器同时工作
20	检查1号机1号滤水器进水阀1203-1阀在全开位置	每台机组设有两台全自动滤水器，互为备用。当滤水器压力差超过0.03MPa时，差压开关动作，滤水器自动连续清污不影响机组正常供水。
21	检查1号机1号滤水器出水阀1206-1阀在全开位置	两台滤水器前、后分别设有两个进、出口阀门，检修时全关便于滤水器检修工作。
22	检查1号机2号滤水器进水阀1203-2阀在全开位置	若检修工作不需要全关，正常状态在全开位置，通水前需要检查全开，保证滤水器正常运行
23	检查1号机2号滤水器出水阀1206-2阀在全开位置	
24	检查1号机技术供水1号电源1P2在合闸位置	检查400V技术供水动力电源在合闸位置
25	检查1号机技术供水2号电源3P16在合闸位置	
26	切1号机技术供水"现地/远方"把手至"现地"位置	现地在技术供水盘柜上手动操作全开一个水控阀（可选择YM1或者YM2）
27	手动全开1号机技术供水YM1阀	
28	检查1号机技术供水压力正常	通水时检查通水压力、流量正常，检查各管道、阀门无渗漏现象
29	检查1号机技术供水通水试验正常	
30	手动全关1号机技术供水YM1阀	技术供水通水试验结束后，将设备安全措施重新恢复至检修状态
31	全关1号机技术供水坝前取水阀1201-1阀	
32	全关1号机技术供水联络阀1202阀	
33	全关1号机技术供水排水总阀1211阀	
34	全关1号机技术供水排水阀1210阀	
35	全关1号机技术供水复合排气阀1205-1阀	
36	全关1号机技术供水复合排气阀1205-2阀	
37	全关1号机技术供水复合排气阀1209-1阀	
38	全关1号机技术供水复合排气阀1209-2阀	
39	全关1号机上风洞内空气冷却器复合排气阀	
40	切1号机技术供水"现地/远方"把手至"远方"位置	
41	全面检查	再次确认操作措施完整无误

六、机组由检修转备用（机械部分）操作说明

机组由检修转备用（机械部分）操作说明见表7-6。

表7-6   **机组由检修转备用（机械部分）操作说明**

1号机组由检修转备用（机械部分）操作说明

填写思路说明：本张操作票目的是将1号机组机械部分检修工作结束后恢复至备用状态，保证机组机械部分设备满足相关试验或者正常运行条件。

备注：本票在执行前，由于其他试验工作（技术供水系统通水试验等）已将部分机械设备措施恢复至正常状态，所以本票仅需恢复余下的机械设备安全措施；配合《机组技术供水系统通水试验操作说明》《1号机组压力油罐建压操作说明》学习

序号	操 作 项 目	项 目 说 明
1	检查1号机组检修工作已结束	核实相关检修工作已完工，工作票注销后才能恢复安全措施
2	检查1号机组尾水进人孔已关	蜗壳、尾水管内设备检修完毕后，经检查内部却无人员和遗留工具后及时将进人孔封闭，保证安全，防止充水试验大量漏水导致水淹厂房事故
3	检查1号机组蜗壳进人孔已关	
4	检查 LCU1-CP1 盘上"现地/远方"在"现地"位置	机组未恢复正常备用前，现地控制单元控制把手应在现地、手动位置，避免主站远方误操作
5	检查 LCU1-CP1 盘上"手动/自动"在"手动"位置	
6	检查 LCU1-SP 盘 I 段直流进线上水机后备保护电源 1DS3 在合	此时机组锁锭已在投，其相应控制电源应合上
7	检查1号机组事故配压阀排油阀1107阀全关	保证调速器排油阀在关闭位置，以免调速器压力损失导致接力器不能正常动作
8	检查1号机组事故配压阀主供油源供油阀1104阀全开	检查调速器主供油阀全开，保证调速器系统能正常动作
9	全开1号机组事故配压阀备用油源供油阀1110阀	全开事故备用油源阀门，保证事故时备用油源正常投入
10	检查1号机组调速器机调盘导叶控制方式在"自动"位置	导叶在进行完相关试验后，控制方式应在自动方式，保证运行远方控制能正常动作
11	检查1号机组调速器机调盘桨叶控制方式在"自动"位置	

续表

序号	操 作 项 目	项目说明
12	检查 1 号机组调速器机调柜内 QSD 在复归位置	检查调速器紧停 QSD 按钮在复归位置，避免自动开机不成功
13	现地检查 1 号机组锁锭在投	充水试验前投上锁锭，关闭导叶防止机组因水流冲击而转动
14	现地检查 1 号机组导叶全关	
15	插上 1 号机组紧急停机电磁阀 1DP 二次插头	保证事故停机时电磁阀正常动作
16	插上 1 号机组紧急停机电磁阀 2DP 二次插头	
17	检查 1 号机组顶盖排水系统恢复自动	之前顶盖排水系统试验正常后已经将顶盖泵恢复至自动方式
18	全开 1 号机组技术供水排水阀 1210 阀	全开技术供水排至下游尾水阀门，保证技术供水排水畅通
19	全开 1 号机组技术供水排水阀 1211 阀	
20	检查 1 号机组技术供水蜗壳取水阀 1201 - 2 阀全关	检查机组技术供水备用蜗壳取水阀在全关位置
21	全开 1 号机组技术供水联络阀 1202 阀	开启技术供水两台滤水器之间的联络阀门，确保通水后两台滤水器工作正常，相互备用
22	全开 1 号机组技术供水坝前取水阀 1201 - 1 阀	开启机组技术供水主用坝前取水阀门
23	检查 1 号机组技术供水系统流量、压力正常	通水后检查技术供水是否满足正常运行要求
24	全开 1 号机组主轴密封水主用水源总进水阀 1228 阀	将机组主轴密封水主、备用水源恢复至运行状态，并确保满足正常运行要求
25	全开 1 号机组主轴密封水主用水源总进水阀 1226 阀	
26	全开 1 号机组主轴密封水备用水源进水阀 1220 阀	
27	全开 1 号机组主轴密封水备用水源进水阀 1221 阀	
28	检查 1 号机组主轴密封水流量、压力正常	
29	全开 1 号机组风闸进气阀 1401 阀	将机组风闸供气系统恢复至自动控制方式
30	全关 1 号机组风闸上腔手动进气阀 1404 - 1 阀	
31	全开 1 号机组风闸上腔自动进气阀 1403 阀	
32	切 1 号机组风闸上腔三通阀 1404 - 2 阀至进气位置	
33	全关 1 号机组风闸下腔手动进气阀 1407 - 1 阀	
34	全开 1 号机组风闸下腔自动进气阀 1406 阀	
35	切 1 号机组风闸下腔三通阀 1407 - 2 阀至进气位置	

续表

序号	操 作 项 目	项目说明
36	在 LCU1-CP1 盘上手动投入 1 号机组风闸	风闸投入有分两种方式：一是在现地风闸控制柜内纯手动投入；二是在 CP1 盘上投入；为保证快捷，一般选择在 CP1 盘投入
37	现地检查 1 号机组风闸已投入	充水前投上机组风闸，防止充水时机组转动；现地到风洞内检查风闸确已投上，与主站监控信号一致
38	全开 1 号机组剪断销及空气围带气源总阀 1402 阀	恢复空气围带及剪断销供气系统至自动方式
39	检查 1 号机组剪断销及空气围带压力表指示正常	
40	在 LCU1-CP1 盘上手动投入 1 号机组空气围带	空气围带为检修密封，在机组充水试验时投入围带保压，防止顶盖漏水量过大，机组转动前撤除。投入方式和风闸系统一样分两种：一是在现地纯手动投入；二是在 CP1 盘上投入。因在现地控制柜手动投入不易控制气压，故选择在 CP1 盘上投入围带
41	现地检查空气围带压力正常	检查空气围带已按要求压力投入
42	全面检查	再次检查所做安全措施正确无误

七、机组由检修转备用（一次部分）操作说明

机组由检修转备用（一次部分）操作说明见表 7-7。

见表 7-7　　　　机组由检修转备用（一次部分）操作说明

1 号机组由检修转备用（一次部分）操作说明

填写思路说明：本张操作票目的是将检修工作结束后的机组电气部分安措全部拆除，使机组恢复至备用状态；为了进行机组相关试验工作，发变组出口刀闸 212 暂时不合，LCU 控制把手、启励电源、灭磁开关待试验时再恢复。电气措施恢复时，一般是先拆除地刀地线，然后再根据系统需要，逐步恢复操作。

备注：保护按有关要求加用；结合《1 号机组由备用转检修（一次部分）操作说明》学习

序号	操 作 项 目	项目说明
1	检查 1 号机组相关工作已结束	核实相关检修工作已结束，工作票注销后才可恢复安全措施

续表

序号	操 作 项 目	项 目 说 明
2	现地检查 1 号主变高压侧高 21 开关三相在断开位置	防止带负荷合刀闸
3	现地检查高 21 开关线路侧高 212 刀闸三相在断开位置	212 刀闸是机组检修设备的一个明显断开点，与系统隔离；为了进行站内试验工作，发变组出口刀闸暂时不合，待做涉网试验或正式投运时再合上
4	检查 1 号机出口刀闸 011 刀闸三相在断开位置	发电机出口隔离刀闸检修完成后应在分位置
5	拆除悬挂在 01B 主变高压侧悬挂的一组（　）号三相短路接地线	拆除主变高压侧的接地线
6	检查 01B 主变中性点地刀 217 在合	主变投运或充电前，为了保证安全，合上中性点接地刀闸
7	拆除 1 号机 4PT 高压侧悬挂的一组（　）号三相短路接地线	拆除机组 PT 上的接地线
8	拆除 1 号机 3PT 高压侧悬挂的一组（　）号三相短路接地线	
9	拉开 6kV 6117 地刀	拆除 6kV 系统机组进线开关接地刀闸
10	检查 6kV 6117 地刀已拉开	核实三相已分到位
11	合上 2117 地刀操作箱内 2117 地刀直流控制电源开关	地刀有交流操作电源和直流控制电源两路，一般正常情况下，刀闸交直流电源断开，需操作时投入
12	合上 2117 地刀操作箱内 2117 地刀交流操作电源开关	
13	切 2117 地刀操作箱内"遥控/近控"把手至"近控"位置	220kV 地刀分两种控制方式：远方"遥控（中控室）"操作和"近控"现地操作，现地操作时需将控制把手切至"近控"位置
14	拉开 2117 地刀	地刀一般选择现地操作（拉开 2117 地刀）
15	检查 2117 地刀三相已拉开	拉开后确认三相已分到位，与中控室核实信号一致

续表

序号	操 作 项 目	项 目 说 明
16	切 2117 地刀操作箱内"遥控/近控"把手至"0"位置	地刀拉开后控制把手放切，直流控制和交流操作电源断开，防止误操作
17	断开 2117 地刀操作箱内 2117 地刀交流操作电源开关	
18	断开 2117 地刀操作箱内 2117 地刀直流控制电源开关	
19	合上 2127 地刀操作箱内 2127 地刀直流控制电源开关	拉开 2127 接地刀闸；同 2117
20	合上 2127 地刀操作箱内 2127 地刀交流操作电源开关	
21	切 2127 地刀操作箱内"遥控/近控"把手至"近控"位置	
22	拉开 2127 地刀	
23	检查 2127 地刀三相已拉开	
24	切 2127 地刀操作箱内"遥控/近控"把手至"0"位置	
25	断开 2127 地刀操作箱内 2127 地刀交流操作电源开关	
26	断开 2127 地刀操作箱内 2127 地刀直流控制电源开关	
27	合上保护室 3PP1 盘柜后高 21 开关分相操作箱直流电源Ⅰ开关 4K1	合上高 21 开关的直流控制电源，使其能正常分、合
28	合上保护室 3PP1 盘柜后高 21 开关分相操作箱直流电源Ⅱ开关 4K2	
29	将 1 号机 4PT 三相小车推至工作位置	将机组 PT 恢复至工作位置；检修时其各一次保险经测量阻值正常
30	插上 1 号机 4PT 三相二次插把	
31	将 1 号机 1PT 三相小车推至工作位置	
32	插上 1 号机 1PT 三相二次插把	
33	将 1 号机 2PT 三相小车推至工作位置	

续表

序号	操 作 项 目	项 目 说 明
34	插上 1 号机 2PT 三相二次插把	
35	将 1 号机 3PT 三相小车推至工作位置	
36	插上 1 号机 3PT 三相二次插把	
37	合上 1 号机中性点接地刀闸 017 刀闸	机组投运前,合上发电机中性点接地刀闸并检查已到位
38	检查 1 号机中性点接地刀闸 017 刀闸已合上	
39	检查 6kV 611 开关在断开位置	将 611 开关恢复至工作位置;恢复时顺时针摇 20 整圈到位
40	摇 6kV 611 开关小车至工作位置	
41	合上 400V 室 1P 盘上 1 号机出口刀闸 011 刀闸操作电源开关 1P10	合上发电机出口刀闸动力和操作电源,使其能正常分、合
42	合上 1 号机出口刀闸 011 刀闸操作箱内操作电源开关	
43	检查 LCU1 - CP1 盘上"远方/现地"控制把手在"现地"位置	防止远方(中控室)误发信号;试验时或正式恢复备用前再恢复远方、自动方式
44	检查 LCU1 - CP1 盘上"手动/自动"控制把手在"手动"位置	
45	检查 1 号机灭磁开关 1FMK 在断开位置	试验前保持灭磁开关在分
46	合上 LCU1 - SP 盘上 1 号机直流 I 段灭磁开关操作电源开关 1DS12	合上灭磁开关操作电源,使其能正常分、合
47	合上 1 号机单控室 LCU1 - SP 盘上直流 I 段主变冷却器直流控制电源开关 1DS9 开关	合上主变冷却器直流控制电源
48	合上 1 号机单控室 LCU1 - SP 盘上直流 I 段主变中性点地刀 217 控制电源开关 1DS8 开关	合上主变中性点地刀控制电源,使其能正常分、合
49	合上 400V 室 1P 盘上 1 号机主变冷却器 1 号电源开关 1P4	合上主变冷却器动力电源,使其能正常运行
50	合上 400V 室 3P 盘上 1 号机主变冷却器 2 号电源开关 3P18	
51	检查直流室 3SP 盘内 1 号机启励电源开关 DS1 在断开位置	机组试验前启励电源暂时不合,待试验时再恢复
52	检查直流室 6SP 盘内 1 号机启励电源开关 DS1 在断开位置	
53	全面检查	再次确认所做安全措施正确无误

八、主变由运行转检修（一次部分）操作说明

主变由运行转检修（一次部分）操作说明见表7-8。

表7-8　　　　　　　　主变由运行转检修（一次部分）操作说明

2号主变由运行转检修（一次部分）操作说明

填写思路说明：本张操作票目的是将2号主变一次电气部分由运行转为检修态：将主变所有相关设备电源全部断开，与系统和机组隔离开，保证工作安全，再进行相关检修工作。

备注：主变保护按要求停用；由于2号主变在电厂位置特殊，是一路重要的厂用电电源，一般情况下长期并网运行，故2号主变检修前一般会对厂用电进行必要的倒换

序号	操　作　项　目	项目说明
1	检查高02开关三相在断开位置	检查主变与2号机组已隔离；022刀闸是机组与主变的一个明显断开点
2	检查022刀闸三相在断开位置	
3	检查LCU2-CP1盘上"远方/现地"控制把手在"现地"位置	2号机正常解列方式选择高02开关，需要断开高22时需将LCU2控制把手切至"现地/手动"，解列方式切至高22开关；恢复时合上高22开关后解列方式切回高02开关
4	切LCU2-CP1盘上"自动/手动"控制把手至"手动"位置	
5	切LCU2-CP1盘上解列方式把手至"高22开关"	
6	在LCU2-CP1盘上手动断开高22开关	
7	现地检查高22开关三相在断开位置	现地检查高22开关三相已断开，与主站显示信号一致
8	断开保护室3PP5盘后高22开分相操作箱电源开关4DK1	断开高22开关操作电源，防止检修期间出现误操作
9	断开保护室3PP5盘后高22开分相操作箱电源开关4DK2	
10	合上高222刀闸操作箱内直流控制电源开关	刀闸有交流操作电源和直流控制电源两路；一般正常情况下，刀闸交直流电源断开，需操作时投入
11	合上高222刀闸操作箱内交流操作电源开关	
12	切高222刀闸操作箱内"遥控/近控"控制把手至"遥控"位置	222刀闸是主变与系统的一个明显断开点，与系统隔离；刀闸分为远方（中控室）和现地两种操作方式，考虑到安全因素，刀闸一般远方（中控室）操作
13	联系主站拉开高222刀闸	

续表

序号	操 作 项 目	项目说明
14	检查高 222 刀闸三相在断开位置	现地检查高 222 刀闸三相已断开，并与主站显示信号一致
15	切高 222 刀闸操作箱内"遥控/近控"控制把手至"0"位置	恢复 222 刀闸措施，避免误操作
16	断开高 222 刀闸操作箱内交流操作电源开关	
17	断开高 222 刀闸操作箱内直流控制电源开关	
18	检查 6kV 612 开关在断开位置	断开 612 开关，与 02B 低压侧隔离，保证检修工作安全和厂用电 6kV 3LM 正常运行；612 开关为系统通过 02B 反送至厂用电 6kV 的开关；逆时针摇 20 整圈将 612 开关摇至检修位置
19	将 6kV 612 开关小车摇至检修位置	
20	断开 400V 02B 主变冷却器 1 号电源开关 2P4	断开检修设备的交流、直流电源
21	断开 400V 02B 主变冷却器 2 号电源开关 1P18	
22	断开 LCU2-SP 盘上直流Ⅰ段 主变压器电源 1DS9	
23	断开 LCU2-SP 盘上直流Ⅰ段 主变中性点地刀电源 1DS7	
24	拔出 2 号机 4PT 三相二次插把	将设备置为检修态；检修期间测量需测量相关 PT 保险阻值等
25	拉 2 号机 4PT 三相小车至检修位置	
26	验明 2 号机 4PT 高压侧确无电压，在 2 号机 4PT 高压侧悬挂一组临时三相短路接地线（ ）号	防止意外来电，保证人身安全；挂地线时，先挂接地端，再挂设备端，且应戴绝缘手套
27	验明 612 开关至 12B 侧三相确无电压，推上 6127 地刀	
28	检查 6127 地刀已推上	
29	合上 2227 地刀操作箱内直流控制电源开关	与刀闸同理；地刀一般在现地操作；合地刀前需要先验电，而验电前须确保验电器能正常工作，可在临近带电部分验证其是否正常工作
30	合上 2227 地刀操作箱内交流操作电源开关	
31	切 2227 地刀操作箱内"遥控/近控"把手至"近控"位置	
32	验明 222 刀闸至高 22 开关之间三相确无电压，推上 2227 地刀	

续表

序号	操 作 项 目	项 目 说 明
33	检查 2227 地刀三相已推上	
34	切 2227 地刀操作箱内"遥控/近控"把手至"0"位置	
35	断开 2227 地刀操作箱内交流操作电源开关	
36	断开 2227 地刀操作箱内直流控制电源开关	
37	合上 2217 地刀操作箱内直流控制电源开关	
38	合上 2217 地刀操作箱内交流操作电源开关	
39	切 2217 地刀操作箱内"遥控/近控"把手至"近控"位置	
40	验明高 22 开关至 02B 之间三相确无电压，推上 2217 地刀	
41	检查 2217 地刀三相已推上	
42	切 2217 地刀操作箱内"遥控/近控"把手至"0"位置	
43	断开 2217 地刀操作箱内交流操作电源开关	
44	断开 2217 地刀操作箱内直流控制电源开关	
45	检查 02B 主变中性点接地刀闸在合	
46	验明 02B 高压侧三相已无压，在 02B 高压侧悬挂一组临时三相短路接地线（　）号	防止高压架空线路产生感应电和意外来电，保证检修安全
47	悬挂标示牌（此处省略）	告知相关人员设备未经允许不能擅自变更措施
48	全面检查	再次确认检修所做安全措施完整无误

九、主变由检修转运行（一次部分）操作说明

主变由检修转运行（一次部分）操作说明见表 7-9。

表 7-9　　　　　　主变由检修转运行（一次部分）操作说明

02B 主变由检修转运行（一次部分）操作说明

填写思路说明：本张操作票目的是将检修工作完成后的 02B 主变安全措施全部拆除，并恢复运行状态。

备注：结合《02B 主变由运行转检修（一次部分）操作说明》学习；恢复前主变保护按要求加用

序号	操 作 项 目	项 目 说 明
1	检查 02B 检修工作已结束	核实相关检修工作已完工，工作票注销后才可恢复安全措施

续表

序号	操 作 项 目	项 目 说 明
2	检查 2 号机出口断路器高 02 三相在断开位置	检查主变与 2 号机组已隔离；022 刀闸是机组与主变的一个明显断开点
3	检查 2 号机出口隔离开关 022 刀闸三相在断开位置	
4	拆除 02B 主变高压侧悬挂的一组三相短路接地线（　）号	拆除主变高压侧的接地线
5	拆除 2 号机 4PT 高压侧悬挂的一组三相短路接地线（　）号	拆除 4PT 高压侧的接地线
6	合上 2227 地刀操作箱内直流控制电源开关	地刀有交流操作电源和直流控制电源两路，一般正常情况下，刀闸交直流电断开，需操作时投入
7	合上 2227 地刀操作箱内交流操作电源开关	
8	切 2227 地刀操作箱内"遥控/近控"把手至"近控"位置	220kV 地刀分两种控制方式：远方"遥控（中控室）"操作和"近控"现地操作，现地操作时需将控制把手切至"近控"位置
9	拉开 2227 地刀	地刀一般在现地操作（拉开 2227 地刀）
10	检查 2227 地刀三相已拉开	拉开后确认三相已分到位，与中控室核实信号一致
11	切 2227 地刀操作箱内"遥控/近控"把手至"0"位置	地刀拉开后控制把手放切，直流控制和交流操作电源断开，防止误操作
12	断开 2227 地刀操作箱内交流操作电源开关	
13	断开 2227 地刀操作箱内直流控制电源开关	
14	合上 2217 地刀操作箱内直流控制电源开关	拉开主变高压侧 2217 接地刀闸；同 2227
15	合上 2217 地刀操作箱内交流操作电源开关	
16	切 2217 地刀操作箱内"遥控/近控"把手至"近控"位置	
17	拉开 2217 地刀	
18	检查 2217 地刀三相已拉开	
19	切 2217 地刀操作箱内"遥控/近控"把手至"0"位置	
20	断开 2217 地刀操作箱内交流操作电源开关	
21	断开 2217 地刀操作箱内直流控制电源开关	

序号	操 作 项 目	项目说明
22	检查 2 号机主变中性点地刀 227 在合	主变投运或充电前，为了保证安全，合上中性点接地刀闸；02B 主变 227 中性点接地刀闸为高厂正常采用的主变中性点接地点，02B 恢复运行后须将倒换的其他机组主变中性点地刀拉开
23	拉开厂用变 12B 低压侧地刀 6127	拆除 6kV 系统机组进线开关接地刀闸，并核实三相已分到位
24	检查 6127 地刀已拉开	
25	检查 6kV 612 开关小车在检修位置	将 612 开关恢复至工作位置，0B 恢复后倒厂用电时合上 612 开关；恢复时顺时针摇 20 整圈到位；612 开关为系统通过 02B 反送至厂用电 6kV 的开关
26	摇 6kV 612 开关至工作位置	
27	切 6kV 612 开关"现地/远方"控制把手至"远方"位置	恢复 612 开关的远方控制方式
28	将 2 号机 4PT 三相小车推至工作位置	将 4PT 恢复至工作位置；检修其各一次保险经测量阻值正常
29	插上 2 号机 4PT 三相二次插把	
30	合上 LCU2-SP 盘上直流 I 段主变中性点地刀电源 1DS7	合上主变中性点地刀控制电源，使其能正常分、合
31	合上 LCU2-SP 盘上直流 I 段主变压器电源 1DS9	合上主变冷却器的直流控制、交流动力电源，保证其能正常投运
32	合上 400V 02B 主变冷却器 1 号电源开关 2P4	
33	合上 400V 02B 主变冷却器 2 号电源开关 1P8	
34	检查高 22 开关三相在断开位置	防止带负荷合刀闸
35	合上高 222 刀闸操作箱内直流控制电源开关	刀闸有交流操作电源和直流控制电源两路，一般正常情况下，刀闸交、直流电源断开，需操作时投入
36	合上高 222 刀闸操作箱内交流操作电源开关	
37	切高 222 刀闸操作箱内"遥控/近控"控制把手至"遥控"位置	222 刀闸是发变组检修设备与系统隔离的一个明显断开点；刀闸分远方（中控室）和现地操作两种方式，考虑到安全因素，刀闸一般远方（中控室）操作。合上后与中控室核实信号一致。
38	联系主站合上高 222 刀闸	
39	检查高 222 刀闸三相已合上	
40	切高 222 刀闸操作箱内"遥控/近控"控制把手至"0"位	将刀闸控制把手放切，控制和操作电源断开，防止远方误操作
41	断开高 222 刀闸操作箱内交流操作电源开关	
42	断开高 222 刀闸操作箱内直流控制电源开关	

续表

序号	操 作 项 目	项目说明
43	合上保护室 3PP5 盘后高 22 开分相操作箱电源开关 4DK1	恢复高 22 开关直流控制电源，使其能正常分、合
44	合上保护室 3PP5 盘后高 22 开分相操作箱电源开关 4DK2	
45	检查 LCU2 - CP1 盘上"远方/现地"控制把手在"现地"位置	现地控制盘合 22 开关需将控制把手切至现地和手动方式
46	切 LCU2 - CP1 盘上"自动/手动"控制把手至"手动"位置	
47	切 LCU2 - CP1 盘上同期转换开关至"高 22 开关"位置	将同期转换开关切至高 22 开关位置，投入同期电源，手动合上高 22 开关；2 号机组同期开关有 2 个：高 22 开关和高 02 开关，机组正常运行时选择高 02 开关同期
48	合上 LCU2 - CP1 盘上同期电源开关	
49	在 LCU2 - CP1 盘上手动合上高 22 开关	
50	检查高 22 开关三相已合上	检查高 22 开关三相已合上，与中控室核实信号一致
51	断开 LCU2 - CP1 盘上同期电源开关	开关合上后需断开同期电源
52	切 LCU2 - CP1 盘上同期转换开关至"高 02 开关"位置	将同期转换开关切至正常同期选择高 02 开关位置
53	切 LCU2 - CP1 盘上"远方/现地"控制把手至"远方"位置	将机组现地控制盘恢复远方、自动方式，满足远方（中控室）正常控制
54	切 LCU2 - CP1 盘上"自动/手动"控制把手至"自动"位置	
55	检查 02B 主变运行正常	检查主变恢复运行正常
56	全面检查	再次核实所做安全措施正确无误

十、厂用电 6kV 2LM 由运行转检修操作说明

厂用电 6kV 2LM 由运行转检修操作说明见表 7 - 10。

表 7 – 10 厂用电 **6kV 2LM 由运行转检修操作说明**

6kV 2LM 由运行转检修操作说明

填写思路说明：本张操作票目的是将 6kV 2LM 由运行转为检修态；将 2LM 上各侧进线、联络开关及 2LM 所带负荷开关等全部断开并置于检修位置，使其与系统完全隔离，即断开所有的可能来可能再进行相关检修工作；为安全考虑，一般先将 6kV 母线上负荷开关断开后，母线成空母后，再断母联开关，最后操作地刀地线。

备注：操作前厂用电 6kV 系统运行方式：6011 开关带 1LM、2LM，612 开关带 3LM、4LM，6051 开关带 5LM；本次检修工作不包含关联的 400V 系统设备

序号	操 作 项 目	项 目 说 明
1	检查 400V 6P BZT 在投	停电之前检查受短时停电影响的相关 400V 系统各段 BZT 把手在正常投入位置，确保停电时能正常动作
2	检查 400V 4P BZT 在投	
3	检查 400V 5P BZT 在投	
4	检查 400V 3P BZT 在投	
5	检查 400V 11P BZT 在投	
6	断开 6kV 624 开关	将 2LM 上所有负荷开关全部断开，并摇至检修位置，保证工作安全；负荷开关需在现地断开；636 开关为备用开关，正常在断开位置；操作方法同联络开关，逆时针摇 20 整圈
7	检查 6kV 624 开关在断开位置	
8	摇 6kV 624 开关小车至检修位置	
9	断开 6kV 621 开关	
10	检查 6kV 621 开关在断开位置	
11	摇 6kV 621 开关小车至检修位置	
12	检查 6kV 636 开关在断开位置	
13	摇 6kV 636 开关至检修位置	
14	断开 6kV 631 开关	
15	检查 6kV 631 开关在断开位置	
16	摇 6kV 631 开关小车至检修位置	
17	断开 6kV 628 开关	
18	检查 6kV 628 开关在断开位置	
19	摇 6kV 628 开关小车至检修位置	
20	断开 6kV 626 开关	
21	检查 6kV 626 开关在断开位置	
22	摇 6kV 626 开关小车至检修位置	
23	检查 400V 4P BZT 动作正常	4P BZT 动作后自动合上 404 联络开关；检查 4P Ⅰ、Ⅱ 段联络后电压正常

续表

序号	操 作 项 目	项 目 说 明
24	检查 400V 424 开关在断开位置	6kV 2LM 失压后，424 开关无压由其 BZT 程序自动断开
25	摇 400V 424 开关至检修位置	将开关小车置于检修位置，防止误操作送电，保证安全
26	检查 400V 5P BZT 动作正常	
27	检查 400V 426 开关在断开位置	
28	摇 400V 426 开关至检修位置	
29	检查 400V 3P BZT 动作正常	
30	检查 400V 421 开关在断开位置	原理同 424 开关；相应联络开关动作合上
31	摇 400V 421 开关至检修位置	
32	检查 400V 6P BZT 动作正常	
33	检查 400V 428 开关在断开位置	
34	摇 400V 428 开关至检修位置	
35	检查 400V 11P BZT 动作正常	
36	检查 400V 431 开关在断开位置	
37	摇 400V 431 开关至检修位置	
38	检查 6312 刀闸三相在断开位置	6312 回路为城坝线备用线路，平时在拉开位置
39	解除 6311 刀闸机械闭锁	解除防误操作机械闭锁装置（一般分电气和机械闭锁）
40	验明 6kV 631 开关至 6311 刀闸之间无压，拉开 6311 刀闸	拉刀闸之前先验电，保证操作安全
41	检查 6311 刀闸三相已拉开	现场确认三相已到位，核实与主站信号一致
42	加用 6311 刀闸机械闭锁	操作完毕加用闭锁，防止误操作
43	主站退出 6kV BZT	6kV BZT 一般在远方（中控室）操作投、退；6kV 其中一段母线停电操作时应退出 BZT，避免相关的开关误动

序号	操作项目	项目说明
44	主站断开 6kV 1LM、2LM 联络开关 6201	6kV 联络开关分远方（中控室）、现地两种控制方式，现地断开时需要将控制把手切至现地位置；6201 开关为 6kV 1LM、2LM 联络开关，断开后 2LM 与 1LM 隔离
45	检查 6kV 1LM、2LM 联络开关 6201 在断开位置	现地检查 6201 开关三相已断开，与主站显示信号一致
46	检查 6kV 2LM 电压为零	断开 6201 联络开关后，6kV 2LM 电压应为零
47	切 6kV 1LM、2LM 联络开关 6201 "远方/现地"控制把手至"现地"位置	将联络开关控制方式切至现地方式，避免远方误操作
48	摇 6kV 1LM、2LM 联络开关 6201 开关小车至检修位置	摇之前检查开关已在断开位置；逆时针摇 20 整圈
49	检查 6kV 2LM、3LM 联络开关 6302 在断开位置	6302 开关为 2LM 和 3LM 联络开关，断开后 2LM 和 3LM 隔离
50	切 6kV 2LM、3LM 联络开关 6302 "远方/现地"控制把手在"现地"位置	原理同 6201 开关
51	摇 6kV 2LM、3LM 联络开关 6302 开关小车至检修位置	
52	检查 6kV 2LM 进线开关 611 开关在断开位置	611 开关为 1 号机组至 2LM 进线开关，正常在分；断开后 2LM 与厂用变 11B 低压侧隔离
53	切 6kV 2LM 进线开关 611 开关 "远方/现地"控制把手至"现地"位置	进线开关分远方（中控室）、现地两种控制方式；将开关控制方式切至现地方式，避免人为和远方误操作
54	摇 6kV 2LM 进线开关 611 开关至检修位置	操作同 6201 开关；断开后与 11B 低压侧完全隔离，确保工作安全
55	摇 6kV 2LM 62PT 至检修位置	将 2LM 上 62PT 摇至检修位置，可防止二次侧意外来电，保证工作安全
56	拔出 6kV 2LM 62PT 二次插把	拔出二次插把后 6kV 电压监测系统将检测不到 2LM 电压，可根据工作需要决定是否拔出

序号	操 作 项 目	项 目 说 明
57	主站加用 6kV BZT	停电操作完后需要及时加用 6kV BZT，保证 BZT 装置能正常动作
58	检查 6kV 611 开关在断开位置	防止意外来电，保证人身安全；投地刀前需要检查开关在分，并进行验电，防止带电投地刀；验电前须确保验电器能正常工作，可在临近带电部分验证其是否正常工作
59	验明 611 开关至 11B 间确无电压，合上 6117 地刀	
60	检查 6117 地刀三相已合上	现场确认三相已到位，与控制柜上分、合指示器显示一致
61	验明 6kV 624 开关至 24B 间确无电压，合上 6247 地刀	同 6117 开关
62	检查 6247 地刀三相已合上	
63	验明 6kV 621 开关至 21B 间确无电压，合上 6217 地刀	
64	检查 6217 地刀三相已合上	
65	验明 6kV 626 开关至 26B 间确无电压，合上 6267 地刀	
66	检查 6267 地刀三相已合上	
67	验明 6kV 628 开关至 28B 间确无电压，合上 6287 地刀	
68	检查 6287 地刀三相已合上	
69	验明 6kV 631 开关至 31B 间确无电压，合上 6317 地刀	
70	检查 6317 地刀三相已合上	
71	验明 6kV 62PT 高压侧已无压	装设接地线前需验电，防止带电挂地线；验电前须确保验电器能正常工作，可在临近带电部分验证其是否正常工作
72	在 6kV 62PT 高压侧悬挂一组三相临时短路接地线（　）号	防止意外来电，保证人身安全；挂地线时，先挂接地端，再挂设备端，且应戴绝缘手套；根据需要选择地线型号
73	悬挂标示牌（此处省略）	告知相关人员设备未经允许不能擅自变更措施
74	全面检查	再次确认操作措施完整无误

十一、厂用电 6kV 2LM 由检修转运行操作说明

厂用电 6kV 2LM 由检修转运行操作说明见表 7 - 11。

表 7 - 11　　　　　　厂用电 6kV 2LM 由检修转运行操作说明

厂用电 6kV 2LM 由检修转运行操作说明

填写思路说明：本张操作票目的是 6kV 2LM 检修工作完成后，将安全措施全部拆除，恢复 2LM 正常运行；一般也是拆除地刀地线，母线送电后，再依次合负荷开关

备注：结合《厂用电 6kV 2LM 由运行转检修操作说明》学习

序号	操　作　项　目	项　目　说　明
1	检查 6kV 2LM 检修工作已结束	核实相关检修工作已完工，工作票注销后才能恢复安全措施
2	拆除悬挂在 62PT 上的一组三相短路接地线（　）号	
3	拉开 6247 地刀	
4	检查 6247 地刀三相已拉开	
5	拉开 6217 地刀	
6	检查 6217 地刀三相已拉开	
7	拉开 6317 地刀	首先拆除安全措施：地线和地刀；地刀拉开后需现场检查三相已分到位，与现场设备分、合指示器显示信号一致
8	检查 6317 地刀三相已拉开	
9	拉开 6287 地刀	
10	检查 6287 地刀三相已拉开	
11	拉开 6267 地刀	
12	检查 6267 地刀三相已拉开	
13	拉开 6117 地刀	
14	检查 6117 地刀三相已拉开	
15	插上 62PT 二次插把	将 62PT 恢复至工作位置
16	摇 6kV 2LM 62PT 至工作位置	
17	检查 6kV 2LM 进线开关 611 开关在检修位置	将 611 开关恢复至工作位置；操作前检查在断开位置，顺时针摇 20 整圈到位；控制把手暂时在"现地"位置，防止误操作，待 2LM 送电正常后再切至"远方"位置
18	检查 6kV 2LM 进线开关 611 开关"远方/现地"控制把手在"现地"位置	
19	摇 6kV 2LM 进线开关 611 开关至工作位置	
20	检查 6kV 2LM、3LM 联络开关 6302 在检修位置	将 6302 开关恢复至工作位置；操作同 611 开关
21	检查 6kV 2LM、3LM 联络开关 6302"远方/现地"控制把手在"现地"位置	

续表

序号	操 作 项 目	项 目 说 明
22	摇 6kV 2LM、3LM 联络开关 6302 开关小车至工作位置	
23	检查 6kV 624 开关在检修位置	将 6kV 2LM 上负荷开关恢复至工作位置；操作同 611 开关
24	摇 6kV 624 开关小车至工作位置	
25	检查 6kV 621 开关在检修位置	
26	摇 6kV 621 开关小车至工作位置	
27	检查 6kV 636 开关在检修位置	
28	摇 6kV 636 开关小车至工作位置	
29	检查 6kV 631 开关在检修位置	将 6kV 2LM 上负荷开关恢复至工作位置；操作同 611 开关
30	摇 6kV 631 开关小车至工作位置	
31	检查 6kV 628 开关在检修位置	
32	摇 6kV 628 开关小车至工作位置	
33	检查 6kV 626 开关在检修位置	
34	摇 6kV 626 开关小车至工作位置	
35	检查 6kV 1LM、2LM 联络开关 6201 在检修位置	将 6201 开关恢复至工作位置；操作同 611 开关
36	检查 6kV 1LM、2LM 联络开关 6201 "远方/现地" 控制把手至 "现地" 位置	
37	摇 6kV 1LM、2LM 联络开关 6201 至工作位置	
38	检查 400V 424 开关在检修位置	恢复 424 至工作位置
39	摇 400V 424 开关至工作位置	
40	检查 400V 4P BZT 在投	确保送电后 BZT 正常动作
41	检查 400V 421 开关在检修位置	同 424 开关
42	摇 400V 421 开关至工作位置	
43	检查 400V 3P BZT 在投	
44	检查 6312 刀闸三相在断开位置	6312 刀闸线路为城坝线备用电源，正常在断开位置
45	解除 6311 刀闸机械闭锁	恢复 6311 刀闸安措
46	验明 6kV 631 开关至 6311 刀闸之间无压，合上 6311 刀闸	
47	检查 6311 刀闸三相已合上	
48	加用 6311 刀闸机械闭锁	

续表

序号	操作项目	项目说明
49	检查 400V 431 开关在检修位置	恢复相关开关措施，同 424 开关
50	摇 400V 431 开关至工作位置	
51	检查 400V 11P BZT 在投	
52	检查 400V 428 开关在检修位置	
53	摇 400V 428 开关至工作位置	
54	检查 400V 6P BZT 在投	
55	检查 400V 426 开关在检修位置	
56	摇 400V 426 开关至工作位置	
57	检查 400V 5P BZT 在投	
58	主站退出 6kV BZT	操作 6kV 开关设备时退出 BZT，防止误动
59	主站合上 6kV 1LM、2LM 联络开关 6201	合上 6201 开关向 2LM 送电；开关合上现场确认信号与中控室一致
60	检查 6kV 1LM、2LM 联络开关 6201 已合上	
61	检查 6kV 1LM、2LM 电压正常	核实送电后母线电压正常
62	切 6kV 1LM、2LM 联络开关 6201 "远方/现地" 控制把手至 "远方" 位置	控制方式恢复远方正常方式，保证远方正常控制
63	切 6kV 2LM、3LM 联络开关 6302 "远方/现地" 控制把手至 "远方" 位置	同 6201 开关
64	切 6kV 2LM 进线开关 611 开关 "远方/现地" 控制把手至 "远方" 位置	
65	主站加用 6kV BZT	2LM 送电正常后及时恢复 BZT 装置
66	现地合上 6kV 624 开关	合上 6kV 开关，利用 400V 系统反 BZT 装置向 400V 负荷送电。BZT 正常动作后：自动断开 404 联络开关、合上 424 开关，恢复 4P Ⅰ、Ⅱ 段分段运行。 　　为保证回路安全，采用 6kV 母线向 400V 各负荷逐一送电方式
67	检查 6kV 624 开关已合上	
68	检查 400V 424 开关已合上	
69	检查 400V 4P BZT 动作正常	

序号	操 作 项 目	项 目 说 明
70	合上 6kV 621 开关	同 624 开关
71	检查 6kV 621 开关已合上	
72	检查 400V 421 开关已合上	
73	检查 400V 3P BZT 动作正常	
74	检查 6kV 636 开关在断开位置	636 开关为备用开关，正常在断开位置
75	合上 6kV 631 开关	同 624 开关
76	检查 6kV 631 开关已合上	
77	检查 400V 431 开关已合上	
78	检查 400V 11P BZT 动作正常	
79	合上 6kV 628 开关	
80	检查 6kV 628 开关已合上	
81	检查 400V 428 开关已合上	
82	检查 400V 6P BZT 动作正常	
83	合上 6kV 626 开关	
84	检查 6kV 626 开关已合上	
85	检查 400V 426 开关已合上	
86	检查 400V 5P BZT 动作正常	
87	全面检查	再次核实所做安全措施正确无误

十二、开关站 220kV Ⅰ 母由运行转检修（一次部分）操作说明

开关站 220kV Ⅰ 母由运行转检修（一次部分）操作说明见表 7-12。

表 7-12　　开关站 220kV Ⅰ 母由运行转检修（一次部分）操作说明

220kV Ⅰ 母由运行转检修（一次部分）操作说明

填写思路说明：本张操作票目的是将开关站 220kV Ⅰ 母由运行转为检修状态，再进行相关检修工作。具体是将母线各侧刀闸拉开，合上母线地刀。

备注：母线保护按要求停用

序号	操 作 项 目	项 目 说 明
1	检查 1 号机出口断路器高 21 开关三相在断开位置	检查 1 号机组出口开关在断，防止带负荷拉刀闸
2	主站断开 220kV Ⅰ 母与Ⅱ母联络高 24 开关	开关操作方式分远方（中控室）和现地两种，一般由远方（中控室）操作

续表

序号	操 作 项 目	项 目 说 明
3	检查 220kV Ⅰ母与Ⅱ母联络开关高 24 开关三相在断开位置	现场确认三相完全到位，与主站信号显示一致
4	联系柑子园变确认高柑二回线对侧开关已断开	防止带负荷拉刀闸（将Ⅰ母各侧开关断开，切断负荷来源）
5	合上高柑二回线线路侧 216 刀闸操作箱内直流控制电源	刀闸有交流操作电源和直流控制电源两路；一般正常情况下，刀闸交直流电源断开，需操作时投入
6	合上高柑二回线线路侧 216 刀闸操作箱内交流操作电源	
7	切高柑二回线线路侧 216 刀闸操作箱内"近控/遥控"控制把手至"遥控"位置	216 刀闸是高柑二回线与Ⅰ母的一个明显断开点；刀闸操作分远方（中控室）和现地两种方式，考虑到安全因素，刀闸一般远方操作
8	主站拉开高柑二回线线路侧 216 刀闸	
9	现地检查高柑二回线线路侧 216 刀闸三相已拉开	现场确认三相完全到位，与主站信号显示一致
10	切高柑二回线线路侧 216 刀闸操作箱内"近控/遥控"控制把手至"0"位置	恢复 216 刀闸措施，防止误操作
11	断开高柑二回线线路侧 216 刀闸操作箱内直流控制电源	
12	断开高柑二回线线路侧 216 刀闸操作箱内交流操作电源	
13	合上高 21 开关线路侧高 212 刀闸操作箱内直流控制电源开关	刀闸有交流操作电源和直流控制电源两路；一般正常情况下，刀闸交直流电源断开，需操作时投入
14	合上高 21 开关线路侧高 212 刀闸操作箱内交流操作电源开关	
15	切高 21 开关线路侧高 212 刀闸操作箱内"遥控/近控"把手至"遥控"位置	212 刀闸是机组检修设备的一个明显断开点，与系统隔离；刀闸分远方（中控室）和现地操作两种方式，考虑到安全因素，刀闸一般远方（中控室）操作
16	主站拉开高 21 开关线路侧高 212 刀闸	
17	现地检查高 21 开关线路侧高 212 刀闸三相已拉开	现场确认三相完全到位，与主站信号显示一致

续表

序号	操 作 项 目	项 目 说 明
18	切高 21 开关线路侧高 212 刀闸操作箱内"遥控/近控"把手至"0"位置	恢复 212 刀闸措施，防止误操作
19	断开高 21 开关线路侧高 212 刀闸操作箱内高交流操作电源开关	
20	断开高 21 开关线路侧 212 刀闸操作箱内 212 刀闸直流控制电源开关	
21	合上高 24 开关 I 母侧隔离开关 242 刀闸操作箱内直流控制电源开关	拉开 242 刀闸与 II 母可靠隔离；操作同 212 刀闸
22	合上高 24 开关 I 母侧隔离开关 242 刀闸操作箱内交流操作电源开关	
23	切高 24 开关 I 母侧隔离开关 242 刀闸操作箱内控制把手切至"遥控"位置	
24	主站拉开高 24 开关 I 母侧隔离开关 242 刀闸	
25	现地检查高 24 开关 I 母侧隔离开关 242 刀闸三相在断开位置	
26	切高 24 开关 I 母侧隔离开关 242 刀闸操作箱内控制把手切至"0"位置	
27	断开高 24 开关 I 母侧隔离开关 242 刀闸操作箱内交流操作电源开关	
28	断开高 24 开关 I 母侧隔离开关 242 刀闸操作箱内直流控制电源开关	
29	合上高柑二回线 I 母侧地刀 2167 地刀操作箱内直流控制电源	合上 I 母地刀 2167，防止工作期间意外来电，保证安全，操作方式与刀闸同理；地刀一般在现地操作；验电前须确保验电器能正常工作，可在临近带电部分验证其是否正常工作
30	合上高柑二回线 I 母侧地刀 2167 地刀操作箱内交流操作电源	
31	切高柑二回线 I 母侧地刀 2167 地刀操作箱内控制方式至"近控"位置	
32	验明高柑二回线高侧隔离刀闸 216 刀闸至 I 母间确无电压，合上 I 母侧地刀 2167	
33	检查高柑二回线 I 母侧地刀 2167 三相已推上	

续表

序号	操 作 项 目	项 目 说 明
34	切高柑二回线Ⅰ母侧地刀2167地刀操作箱内控制方式至"0"位置	合上Ⅰ母地刀2167，防止工作期间意外来电，保证安全，操作方式与刀闸同理；地刀一般在现地操作；验电前须确保验电器能正常工作，可在临近带电部分验证其是否正常工作
35	断开高柑二回线Ⅰ母侧地刀2167地刀操作箱内交流操作电源	
36	断开高柑二回线Ⅰ母侧地刀2167地刀操作箱内直流控制电源	
37	悬挂标示牌（此处省略）	告知相关人员设备未经允许不能擅自变更措施
38	全面检查	再次确认检修所做安全措施完整无误

十三、开关站 220kV 高柑二回线由运行转检修（一次部分）操作说明

开关站 220kV 高柑二回线由运行转检修（一次部分）操作说明见表 7-13。

表 7-13 开关站 220kV 高柑二回线由运行转检修（一次部分）操作说明

220kV 高柑二回线由运行转检修（一次部分）操作说明

填写思路说明：本张操作票目的是将高柑二回线一次电气部分由热备用转为检修状态，与 220kV 系统隔离开，保证工作安全，再进行相关检修工作

序号	操 作 项 目	项 目 说 明
1	检查1号机组出口断路器高21开关三相在断开位置	防止带负荷拉刀闸
2	主站断开220kVⅠ母与Ⅱ母联络开关高24开关	将220kVⅠ母短时停电，防止带负荷拉线路侧刀闸
3	现地检查220kVⅠ母与Ⅱ母联络开关高24开关三相在断开位置	现场确认三相完全到位，与主站显示一致
4	联系确认高柑二回线对侧开关在断开位置	确认线路侧开关已断开，防止带负荷啦刀闸
5	合上高柑二回线线路侧216刀闸控制柜内直流控制电源	刀闸有交流操作电源和直流控制电源两路；一般正常情况下，刀闸交直流电源断开，需操作时投入
6	合上高柑二回线线路侧216刀闸控制柜内交流操作电源	

续表

序号	操 作 项 目	项目说明
7	切高柑二回线线路侧 216 刀闸控制箱内"近控/遥控"控制把手至"遥控"位置	216 刀闸是高柑二回线与 I 母的一个明显断开点；刀闸操作分远方（中控室）和现地两种方式，考虑到安全因素，刀闸一般远方操作
8	主站拉开高柑二回线线路侧 216 刀闸	
9	检查高柑二回线线路侧 216 刀闸三相已拉开	现场确认三相完全到位，与主站信号显示一致
10	切高柑二回线线路侧 216 刀闸控制箱内"近控/遥控"控制把手至"0"位置	恢复 216 刀闸措施，防止误操作
11	断开高柑二回线线路侧 216 刀闸控制柜内直流控制电源	
12	断开高柑二回线线路侧 216 刀闸控制柜内交流操作电源	
13	主站合上 220kV I 母与 II 母联络开关高 24 开关	恢复 220kV I 母正常运行
14	现地检查 220kV I 母与 II 母联络开关高 24 开关三相已合上	现场确认三相完全到位，与主站显示一致
15	断开开关站 1 号汇控柜 AC1 内高柑二回线 21PT 二次侧电源开关	断开线路 PT 二次侧电源开关，防止意外来电，保证设备检修安全
16	合上高柑二回线线路侧地刀 21617 地刀控制箱内直流控制电源	合上线路侧地刀；与刀闸同理；地刀一般在现地操作；验电前须确保验电器能正常工作，可在临近带电部分验证其是否正常工作
17	合上高柑二回线线路侧地刀 21617 地刀控制箱内交流控制电源	
18	切高柑二回线 21617 地刀控制箱内"遥控/近控"把手至"近控"位置	
19	验明高柑二回线线路侧开关 216 刀闸靠线路侧确无电压，推上高柑二回线线路侧地刀 21617 地刀	
20	断开高柑二回线线路侧地刀 21617 地刀控制箱内交流控制电源	
21	断开高柑二回线线路侧地刀 21617 地刀控制箱内直流控制电源	
22	推上高柑二回线线路结合滤波器接地刀闸	合上接地刀闸，防止意外来电，保证工作安全

续表

序号	操作项目	项目说明
23	悬挂标示牌（此处省略）	
24	在高柑二回线线路侧地刀 21617 地刀控制箱上悬挂"禁止操作"标示牌	告知相关人员设备未经允许不能擅自变更措施
25	在 1 号汇控柜 AC1 内高柑二回线 21PT 二次侧电源开关上悬挂"禁止合闸，有人工作"标示牌	
26	在高柑二回线结合滤波器接地刀闸上悬挂"禁止操作"标示牌	
27	全面检查	再次确认检修所做安全措施完整无误

十四、开关站 220kV 高柑二回线由检修转运行（一次部分）操作说明

开关站 220kV 高柑二回线由检修转运行（一次部分）操作说明见表 7-14。

表 7-14　开关站 220kV 高柑二回线由检修转运行（一次部分）操作说明

220kV 高柑二回线由检修转运行（一次部分）操作说明

填写思路说明：本张操作票目的是将高柑二回线一次电气部分由检修转为运行状态，恢复正常运行。

备注：结合《220kV 高柑二回线由热备用转检修（一次部分）操作说明》学习

序号	操作项目	项目说明
1	检查高柑二回线检修工作结束	核实相关检修工作已完工，工作票注销后才可恢复安全措施
2	合上高柑二回线线路侧地刀 21617 地刀控制箱内直流控制电源	
3	合上高柑二回线线路侧地刀 21617 地刀控制箱内交流控制电源	
4	切高柑二回线 21617 地刀控制箱内"遥控/近控"把手至"近控"位置	
5	拉开高柑二回线线路侧地刀 21617 地刀	拆除高柑二回线线路侧地刀
6	检查高柑二回线线路侧地刀 21617 三相已拉开	
7	切高柑二回线 21617 地刀控制箱内"遥控/近控"把手至"0"位置	
8	断开高柑二回线线路侧地刀 21617 地刀控制箱内交流控制电源	
9	断开高柑二回线线路侧地刀 21617 地刀控制箱内直流控制电源	

序号	操 作 项 目	项 目 说 明
10	拉开高柑二回线线路结合滤波器接地刀闸	拆除结合滤波器地刀
11	检查高柑二回线线路结合滤波器接地刀闸已拉开	
12	合上开关站 1 号汇控柜 AC1 内高柑二回线 21PT 二次侧电源开关	恢复线路 PT 二次电源
13	联系确认高柑二回线对侧开关在断开位置	核实刀闸两侧开关在断开位置，防止带负荷合刀闸
14	检查 1 号机组出口开关高 21 开关三相在断开位置	
15	主站断开 220kV Ⅰ 母与 Ⅱ 母联络开关高 24 开关	
16	检查 220kV Ⅰ 母与 Ⅱ 母联络开关高 24 开关三相在断开位置	
17	合上高柑二回线线路侧刀闸 216 控制箱内直流控制电源	合上线路侧刀闸 216
18	合上高柑二回线线路侧刀闸 216 控制箱内交流操作电源	
19	切高柑二回线线路侧刀闸 216 控制箱内刀闸"遥控/近控"把手至"遥控"位置	
20	主站合上高柑二回线线路侧刀闸 216	
21	检查高柑二回线线路侧刀闸 216 三相已合上	
22	切高柑二回线线路侧刀闸 216 控制箱内刀闸"遥控/近控"把手至"0"位置	
23	断开高柑二回线线路侧刀闸 216 控制箱内交流操作电源	
24	断开高柑二回线线路侧刀闸 216 控制箱内直流控制电源	
25	联系柑子园变合上高柑二回线对侧开关	合上线路对侧开关向线路充电
26	检查高柑二回线及 220kV Ⅰ 母电压正常	核实送电后电压正常
27	主站合上 220kV Ⅰ 母与 Ⅱ 母联络开关高 24 开关	合上高 24 开关与系统合环运行
28	检查 220kV Ⅰ 母与 Ⅱ 母联络开关高 24 开关三相已合上	
29	全面检查	再次确认所做安全措施正确无误

第八章

检修流程图及执行卡

学习提示

内容：介绍检修基本概念、检修分类、检修策略、检修流程图及执行卡。

重点：检修流程执行卡。

要求：掌握检修流程图和执行卡；熟悉检修分类和基本概念；了解设备检修策略。

第一节 水轮发电机组检修概述

一、基本概念

（一）定期检修

定期检修是一种以时间为基础的预防性检修，根据设备磨损和老化的统计规律，事先确定检修等级、检修间隔、检修项目、需用备件及材料等的检修方式。

（二）状态检修

状态检修是根据状态监测和诊断技术提供的设备状态信息，评估设备的状况，在故障发生前进行检修的方式。

（三）改进型检修

改进型检修是指对设备先天性缺陷或频发故障，按照当前技术水平和发展趋势进行改造，从根本上消除设备缺陷，以提高设备的技术性能和可用率，并结合检修过程实施的检修方式。

（四）故障检修

故障检修是指设备在发生故障或其他失效时进行的非计划检修。

（五）主要设备和辅助设备

主要设备是指锅炉、汽轮机、燃气轮机、水轮机、发电机、主变压器、机组控制装置等设备及其附属设备；辅助设备是指主要设备以外的生产设备。

（六）质检点

质检点（H、W点）即 Hold point and Witness point，是指在工序管理中根

据工序的重要性和难易程度而设置的关键工序质量控制点，这些控制点不经质量检查签证不得转入下道工序。其中 H 点（Hold point）为不可逾越的停工待检点，W 点（Witness point）为见证点。

（七）不符合项

不符合项是指由于特征、文件和程序方面的不足，使其质量变得不可接受或无法判断的项目。

（八）机组 A 级检修间隔

机组 A 级检修间隔是指从上次 A 级检修后机组复役时开始，至下一次 A 级检修开始时的时间。

（九）停用时间

停用时间是指机组从系统解列（或退出备用），到检修工作结束，机组复役的总时间。

二、机组检修的类别

按照设备性能恢复的程度和检修工作范围的大小、更换零部件的数量、检修间隔的长短、检修费用的多少来进行检修级别的分类。DL/T 838—2003《发电企业设备检修导则》中规定了 A 级检修、B 级检修、C 级检修、D 级检修四种级别的检修。不同的机组，因结构、性能的差别，四种级别的检修内容、要求也不尽相同。

（一）A 级检修（扩大性大修）

A 级检修是指对发电机组进行全面的解体检查和修理，彻底地检查机组每一部件（包括埋设部件）的结构及其技术参数，并按规定数值进行调整处理，以保持、恢复或提高水轮发电机组的设备性能。

A 级检修是一种为消除运行过程中由于零部件的严重磨蚀、损坏导致整个机组性能和技术经济指标严重下降而进行的机组修复工作。机组进行 A 级检修时，通常要将机组全部分解、拆卸，将转子和转轮吊出，检修更换所有被损坏的零部件，更换密封件，协调机组各部件和各机构间的相互联系，有时还要进行较大的技术改造工作。

（二）B 级检修（大修）

B 级检修是指针对机组某些设备存在的问题，对机组部分设备进行解体检查和修理。B 级检修可根据机组设备状态评估结果，有针对性地实施部分 A 级检修项目或定期滚动检修项目。

B 级检修工作一般在不吊出转子和转轮的情况下进行。

（三）C 级检修（小修）

C 级检修主要针对发生了设备故障或事故需要立即处理的项目进行的检修，或有目的地检查和修理机组的某一重要部件。通过小修能掌握被修理备件的使用情况，为编制大修项目提供依据。小修要在停机状态下进行。

C级检修是指根据设备的磨损、老化规律，有重点的对机组进行检查、评估、修理、清扫。C级检修可进行少量零件的更换、设备消缺、调整、预防性试验等作业，以及实施部分B级检修项目或定期滚动项目检修。

（四）D级检修（消缺）

D级检修是指机组总体运行情况良好，而对主要设备的附属系统和设备进行消缺。D级检修也是在停机状态下进行。

D级检修除进行附属系统和设备的消缺外，还可根据设备状态的评估，安排部分C级检修的项目。

三、机组检修策略

水轮发电机组在运行过程中，必然会产生不同程度的磨损、疲劳、变形或损伤。随着时间的延长，他们的技术状态会逐渐变差，使用性能下降。设备检修作为设备管理的重要环节，是延长设备寿命，保持生产正常进行，防止事故发生的重要措施。

目前，国内外水电企业普遍采用的检修方式主要有故障检修（也称事故抢修）、计划检修（又称预防检修或定期检修）、状态检修（又称预知检修）、主动检修（又称更新改造）四种。各水电企业依据设备的运行状态、检修费用、人员素质等因素在四种检修方式中选择相适应的检修策略。

四、检修项目的确定

主要设备的检修项目分标准项目和特殊项目两类。

标准项目是各水电企业根据 DL/T 1066—2007《水电站设备检修管理导则》，并结合本厂机组结构类型制定的标准项目。

特殊项目为标准项目以外的检修项目以及执行反事故措施、节能措施、技改措施等项目；重大特殊项目是指技术复杂、工期长、费用高或对系统设备结构有重大改变的项目。发电企业可根据需要安排在各级检修中。

主要设备的附属设备和辅助设备应根据设备状况和制造厂的要求，合理确定其检修项目。

第二节　水轮发电机组检修流程图

机组检修作为运行值班人员一项重要的日常工作，为了保证安全有序的开展，我们从运行人员角度，梳理了从检修准备直至机组恢复备用的全过程，制成一份流程图，以方便运行值班人员参考，如图 8-1 所示。

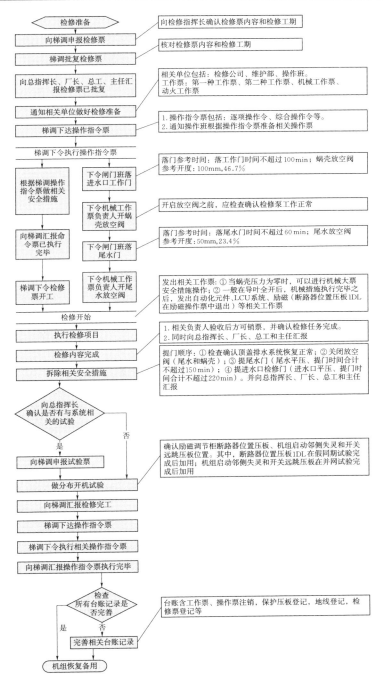

图 8-1 机组检修流程图

第三节　水轮发电机组检修流程执行卡

为了更好地对检修过程进行管理，在机组检修流程图基础之上，可将检修过程管理中的具体项目进行细化，易于运行值班人员执行，也有利于保证检修安全，见表 8-1。

表 8-1　　　　　　　　　　　　　检 修 流 程 执 行 卡

序号	流程内容	流程注释
1	检修准备	检修项目、工期确认；同时注意收集设备检修前的相关数据。
2	向梯调申报检修票	1. 申报检修票前，部室负责人应向检修指挥部的生产调度组组长确认检修主要内容和工期，必要时可向维护部相关人员进一步核实相关细节，同时告知当班值长。 2. 当班值长应根据检修内容，按照调度要求，在 AMS 系统仔细填写相关内容，并应熟悉检修策划书中本次检修的主要项目和内容。 3. 网局检修票中，工作内容部分应填写本次检修的主要改造项目或非标项目，注明继电保护措施变更情况和对其他设备的影响等。 4. 省局检修票中，工作内容部分应填写本次检修的主要改造项目或非标项目，注明申请停电范围和注意事项等。 5. 对自动化等其他相关检修票，相关班组应主动向中控室汇报，当班值长也应在值长记录中记录清楚，必要时可向相关部门领导沟通确认
3	梯调批复检修票	核对检修内容和检修工期
4	向相关领导汇报检修票已批复	相关领导含指挥长、厂长、总工、主任
5	通知相关单位做好检修准备	相关单位包括：检修公司、电厂维护部、操作班； 工作票：电气一种工作票、电气二种工作票、水力机械一种工作票、水力自控工作票、动火工作票
6	梯调下达操作指令票	1. 操作指令票包括：逐项操作令、综合操作令等。 2. 通知操作班根据操作指令票准备相关操作票
7	梯调下令执行操作指令票	注意各种设备操作状态令的术语规范

续表

序号	流程内容	流 程 注 释
8	根据梯调操作指令票做相关安全措施（电气部分）	执行安措过程应严格按照相关规程要求，做好防护措施，确保安全无误。 1. 操作一般至少由 2 人执行，且应严格遵守相关安全规定。 2. 操作发令人发布指令应准确清晰，受令人接令后，应复诵无误后执行。 3. 2 号发电机（不含主变）检修时，应联系自动班解除 2 号机水机后备保护启动 612 开关的接线
9	向梯调汇报命令票已执行完毕	汇报应使用规范的调度术语、普通话、表述应清晰准确
10	梯调下令检修票开工	应及时向相关领导汇报检修开工情况，相关领导含指挥长、厂长、总工、主任
11	下令闸门班落进水口工作门或检修门（具体依据检修等级及实际情况）	1. 落门需办理水力机械一种工作票。 2. 落门参考时间：落工作门时间不超过 100min，并应注意在 0—6 时期间一般不安排进行闸门操作，如有特殊情况，应报检修指挥长批示
12	下令机械班开蜗壳放空阀（具体依据检修等级及实际情况）	1. 开启放空阀之前，应检查确认检修泵工作正常，蜗壳放空阀参考开度：一般不小于 100mm。 2. 监控系统中的趋势图应增加检修泵启停排水曲线，并应密切关注检修集水井水位。 3. 开阀前，运行人员应检查蜗壳压力小于 0.1MPa。 4. 开阀前，机械班应核实确认设备并汇报中控室，以免走错间隔
13	下令闸门班落尾水门（具体依据检修等级及实际情况）	1. 落门需办理水力机械一种工作票。 2. 落门前，运行人员应检查蜗壳压力小于 0.03MPa。 3. 落门参考时间：落尾水门时间不超过 60min
14	下令机械班开尾水放空阀（具体依据检修等级及实际情况）	注意观察检修水泵启动和集水井水位变化情况，若排水过慢，应及时联系相关检修人员适当加大放空阀开度，且应以两台泵启动能正常抽水为宜。尾水放空阀参考开度：70mm
15	执行相关机械操作票（具体依据检修等级及实际情况）	1. 当蜗壳压力为零，且尾水进人孔排水阀无水时，可以进行机械大票安全措施操作。 2. 操作导叶时，应注意检查水车室现场无异物，锁锭在拔出位置。 3. 调速器撤压一般应在机械措施完成后进行

序号	流程内容	流程注释
16	检修开始	发出相关工作票。一般在导叶全开后，机械措施执行完毕之后，发出自动化元件、LCU系统、励磁（断路器位置压板1LP在励磁操作票中退出）等相关工作票
17	调速器撤压 （具体依据检修等级及实际情况）	调速器撤压一般应在机械措施完成后进行
18	执行检修项目	检修期间，若进行高压试验，当班值长应将相关一次、配电、保护、自动等相关联的工作票收回，待试验结束后重新开工
19	检修项目完成	检修项目策划书所列项目均应完成
20	向试验组长确认是否有与系统相关的试验	如有与系统相关的试验项目，应提前准备检修试验票
21	调速器建压 （具体依据检修等级及实际情况）	注意联系自动班核对相关数据信号。LCU-SP盘GP3直流开关应合上
22	分步试验（1）	开机前分步试验一般包括下面表中的几部分，具体依据检修等级及实际情况有所差异，其中调速器静态试验以及保护联动试验需要单独开票完成，所有试验相关负责人均应在现场检查；涉及中控室监控的项目，一般宜在LCU的相关工作恢复后进行
		1. 顶盖排水系统试验 注意顶盖泵的抽水效率。
		2. 技术供水及主轴密封水系统通水试验 1. 通水前应打开滤水器和上风洞内空冷的复合排气阀，工作结束后关闭。 2. 水控阀打开和关闭不应过快，避免出现水锤现象对阀门造成损害。 3. 应注意检查技术供水X200阀全开
		3. 主变喷淋 1. 喷淋过程中应注意水压和喷雾，防止出现漏水等意外。 2. 注意主轴密封系统的水压
		4. 调速器系统通油试验 1. 通油开始前，应对锁锭等部位进行检查，确保水车室无人工作、无杂物。 2. 注意检查总回油阀X111恢复全开状态。 3. 通油开始时，主供油阀应缓慢开启，尽量避免造成过大振动

序号	流程内容		流 程 注 释
22	分步试验（2）	5. 导叶间隙、开关机时间测量	1. 工作一般宜安排在机组现地控制单元和调速器电气部分工作票完工后进行。 2. 首次操作前，在 CP1 盘手动拔出锁锭一次。 3. 操作时，水车室应安排专人配合
		6. 顶转子试验	1. 顶转子前应会同相关班组仔细核对阀门状态。 2. 顶转子结束后应根据现场具体情况多次吹扫管路内部残油。 3. 一般工作结束后，机械班应对相关电磁阀进行清洗
		7. 机械制动、空气围带系统检查	1. 机械制动回路，一般在现地和 CP1 盘均应进行投退检查。 2. 空气围带，待机组充水结束后，手自动回路相关阀门均应关闭
		8. 调速器静态协联检查、静特性试验及模拟开停机试验	1. 调速器静态相关试验一般应在中午时段或夜间进行。 2. 负责人实验前应确保水车室及可能工作的设备部位无异物、无人工作。 3. 工作前应现地检查锁锭拔出。 4. 工作结束后，调速器宜恢复自动控制，再投锁锭
		9. 保护联动试验	1. 应合理安排人员，一般在单控室、6kV 室和开关站等几处配合试验。 2. 试验期间应保证通讯畅通，根据指令分合相关开关。 3. 操作过程中若出现异常，应立刻停止并汇报
		10. 计算机开/停机模拟试验	1. 试验前应检查 CP1 盘内各电源开关均在合。 2. 现地开机三步、四步，检查相关设备动作正常。 3. 检查相关停机流程工作正常
23	注销相关机械工作票		1. 整体验收无误后，验收组负责人应及时告知当班值长，且整体验收工作一般应在销票之前进行； 2. 相关负责人验收后，运行人员检查现场符合要求后方可销票。 3. 销票后应向指挥长、厂长、总工和主任汇报
24	下令机械工作票负责人关蜗壳和尾水放空阀		1. 注意观察检修水泵启动和集水井水位变化情况。 2. 在平压之前，应检查调速器导叶控制方式为"自动"，以确保全关后的导叶压紧严密
25	下令机械工作票负责人关蜗壳和尾水人孔门		关门前应确保内部无遗留工器具，无工作人员

序号	流程内容	流 程 注 释
26	下令闸门班提尾水门（具体依据检修等级及实际情况）	1. 平压提门前应先检查确认蜗壳、尾水放空阀已全关。 2. 平压提门前应先确定蜗壳和尾水人孔门已关闭。 3. 检查确认顶盖排水系统恢复正常。 4. 尾水平压、提门时间合计不超过 150min。 5. 平压、提门工作结束后应分别检查蜗壳和尾水人孔门无漏水。 6. 提门应按照安规办理水力机械一种票
27	下令闸门班提进水口工作门或检修门（具体依据检修等级及实际情况）	1. 进水口平压、提门时间合计不超过 220min； 2. 向指挥长、厂长、总工和主任汇报；并应注意在 0—6 时期间一般不安排进行闸门操作，如有特殊情况，应报检修指挥长批示。 3. 平压、提门工作结束后应分别检查蜗壳和尾水人孔门无漏水。 4. 所有提门工作结束后应检查顶盖水系统运行正常
28	拆除站内相关安全措施	1. 恢复站内安全措施，一般不含 21（23）开关保护以及 212（232）刀闸及其他地刀等涉网设备。 2. 确因站内试验需要时，可申请临时操作，完毕后宜恢复原状，待调度令统一恢复
29	向梯调申报试验票（具体依据检修等级及实际情况）	1. 如有与系统相关的试验项目，应按规定提前申请检修试验票。 2. 系统试验方案应加盖电厂公章后传真至梯调，一般试验方案盖公章的 PDF 版本也需发至梯调当班值长
30	做站内分步开机试验	1. 确认励磁调节柜断路器位置压板、机组启动邻侧失灵压板在停用位置。 2. 断路器位置压板 1DL 在假同期试验完成后加用；机组启动邻侧失灵压板在站内试验结束后加用。 3. 进行相关站内机组启动试验
31	向梯调汇报检修完工	试验完成后，应向试验组长和指挥长确认，再申报完工
32	梯调下达操作指令票	1. 操作指令票包括：逐项操作令、综合操作令等。 2. 通知操作班根据操作指令票准备相关操作票
33	梯调下令执行相关操作指令票	注意各种设备操作状态令的术语规范
34	根据梯调操作指令票做相关安全措施（电气部分）	执行安措过程应严格按照相关规程要求，做好防护措施，确保安全无误。 1. 操作一般至少由 2 人执行，且应严格遵守相关安全规定。 2. 操作发令人发布指令应准确清晰；受令人接令后，应复诵无误后执行

续表

序号	流程内容	流 程 注 释
35	向梯调汇报操作指令票执行完毕	汇报应使用规范的调度术语、普通话，表述应清晰准确
36	梯调下达系统试验票（具体依据检修等级及实际情况）	注意检查试验票的内容和时间
37	梯调下令执行相关系统试验票（具体依据检修等级及实际情况）	应及时向相关领导汇报试验开工，相关领导含指挥长、厂长、总工、主任
38	做系统相关试验（具体依据检修等级及实际情况）	依据试验方案执行相关试验
39	向梯调汇报系统试验票执行完毕	1. 所有试验结束，现场无遗物。 2. 检查机组所有信号均已恢复正常
40	检查所有台账记录是否完善	台账含工作票、操作票注销、保护压板登记、地线登记、检修票登记、值长记录等
41	机组恢复备用	1. 检查监控系统相关状态和信号恢复正常。 2. 应及时向相关领导汇报机组恢复备用情况

职业性格测试（MBTI）及教学对策分析

学习提示

　　内容： 介绍职业性格测试（MBTI）的基本概念、发展历程，实施方法，实际教学培训中的应用。

　　重点： 职业性格测试（MBTI）在实际教学培训中的应用。

　　要求： 熟悉职业性格测试（MBTI）在实际教学培训中的应用；了解职业性格测试（MBTI）的基本概念和发展历程。

第一节　职业性格测试（MBTI）

　　MBTI 的全名是 Myers - Briggs Type Indicator。它是一种迫选型、自我报告式的性格评估理论模型，用以衡量和描述人们在获取信息、作出决策、对待生活等方面的心理活动规律和性格类型。

一、MBTI 起源与应用

　　古希腊、古印度的哲学家，从公元前 450 年的希普克里兹到中世纪的帕拉萨尔斯，早已注意到所有的人可以归纳为四种：概念主义者、经验主义者、理想主义者和传统主义者。同一种类型的人的性情具有惊人的相似之处。

　　1921 年，心理学家荣格（Carl Jung）（弗洛伊德的正宗门徒），发表了他经典的心理学类型学说。他在书中设计了一套性格差异理论，他相信性格差异同时会决定并限制一个人的判断。他把这种差异分为内向性/外向性、直觉性/感受性和思考型/感觉型。同时，他认为这些差异是与生俱来的，并且在一个人的一生中相对固定。

　　20 世纪 40 年代，美国一对母女在荣格的心理学类型理论的基础上提出了一套个性测验模型。伊莎贝尔·迈尔斯（Isabel Myers）和凯瑟琳·布里格斯（Katharine Briggs）把这套理论模型以她们的名字命名，叫做 Myers - Briggs 类型指标 MBTI。

MBTI 理论可以帮助解释为什么不同的人对不同的事物感兴趣，擅长不同的工作，并且有时不能互相理解。这个工具已经在世界上运用了将近 30 年的时间，夫妻利用它增进融洽，老师学生利用它提高学习、授课效率，青年人利用它选择职业，组织利用它改善人际关系、团队沟通、组织建设、组织诊断等。在世界 500 强中，有很多企业有 MBTI 的应用经验。

二、MBTI 的四个维度

瑞士心理学家荣格根据人格类型的不同，认为每个个体都从自己的人格类型出发来看待与认识事物，形成对事物的不同看法和观点，从而导致不同的行为。因此，他提出了个体差异的三个维度：精神能量指向，外向（Extraversion）—内向（Introversion）；信息获取方式，感觉（Sensing）—直觉（Intuition）；决策方式，思考（Thinking）—情感（Feeling）。

Myers 及其母亲 Briggs 在这三个维度的基础上又补充了一个新的维度——与外界世界互动的方式：判断（Judging）—感知（Perceiving），一同构建了人格理论的四维模型。

经过心理学家的不断完善，人们根据 MBTI 理论逐渐把人的性格分为十六种类型，由四个维度上的不同偏好构成。性格测试结果一般由四个简写字母组成，其中含义各不相同。第一个字母：态度倾向，代表人们相互交流和精力支配方面的偏好；第二个字母：接受信息，代表了不同的人获取信息的方式；第三个字母：处理信息，代表了不同的人决策的方式；第四个字母：代表了不同的人生活态度。

三、MBTI 测试工具

网络媒体上和各类相关工具书中类似的测试很多，读者可以学习参考。

（一）MBTI 测试注意事项

（1）参加测试的人员应诚实、独立地回答问题，只有如此，才能得到有效的结果。

（2）性格分析报告展示的是个人的性格倾向，而不是个人的知识、技能、经验。

（3）MBTI 提供的性格类型描述仅供测试者确定自己的性格类型之用，性格类型没有好坏，只有不同。每一种性格特征都有其价值和优点，也有缺点和需要注意的地方。清楚地了解自己的性格优劣势，有利于更好地发挥自己的特长，而尽可能地在为人处事中避免自己性格中的劣势，更好地和他人相处，更好地作重要的决策。

（二）性格解析

根据 MBTI 理论，一共将人分为 16 种性格类型，见表 9 - 1，每种性格类型都有其共性的特点。

表 9 - 1　　　　　　　　　　性 格 类 型 表

ISTJ	ISFJ	INFJ	INTJ
ISTP	ISFP	INFP	INTP
ESTP	ESFP	ENFP	ENTP
ESTJ	ESFJ	ENFJ	ENTJ

注　根据 1978 - MBTI - K 量表，以上每种类型中又分 625 个小类型。

（三）MBTI 的局限性

MBTI 作为心理学一种测试工具，使用时要求严格的测试程序和方法，但和其他所有心理学测试一样，都有其一定的局限性，主要表现在以下几个方面：

（1）心理测查不能保证百分之百的准确率。由于很多个人对心理测验的不太了解，参加测试的过程中也会出现不认真作答等现象，这样就会使数据失真或无效。而可能有问题的人群也许就在未测或无效数据的范围中。

（2）心理测验有局限性。受生理、社会等因素的影响，人的心理发展是动态的，心理测验的结果只能大致描述目前人的心理状况的某一方面，而不是心理状况的全部。

第二节　教学对策分析表

MBTI 虽然有一定的局限性，但与传统的性格分析方法相比，有很多进步之处，经过多年的不断完善，已经获得了很多专业人士的认同，不少企业已广泛应用，目前国内主要应用于大学生职业规划，在教学培训方面也有使用，我们结合员工培训工作，做了一定的实践探索。

一、MBTI 与员工培训

在培训过程中发现，不同员工，即使具有相同的学历背景在培训过程表现出的学习风格也有较大差异，只有做到"因材施教"，才能真正提高培训效率。因此，必须找准员工之间的不同之处，即"材"的差异，"材"从心理学角度可以理解为个体之间差异化的人格心理特征，具体可以表现在的思维方式、行为、气质和性格等方面的不同。如何科学的分析员工之间的差异，MBTI 测试工具具备这样的功能，它能相对准确的反映被测试者在诸如信息获取、作出决策等方面的差异，为此，我们引入了此工具。

二、MBTI 教学的应用

Mills 的一项关于优秀学生与其教师的教学互动关系的研究发现，良好的师生互动关系得益于彼此一致的人格类型。教师的人格特征和认知风格与学生相应特征的匹配度直接影响教师的教学效果、教学满意度和学生学习成就感，也影响学生对教师的评价。对于企业员工培训，培训人员和青年员工的各自的人格类型很大程度直接影响培训的效果，如何科学的将 MBTI 应用于具体培训，真正做到"因材施教"，完善培训效果，具体实践步骤如下：

（一）培训人员人格类型的分析

作为具体培训工作的实施者，培训人员处于相对优势地位，为了避免由于人格类型的差异而对所带青年员工"误判"，即评价不客观；培训人员应先做好自我的人格类型测试，熟知自身的性格特点，并明确青年员工和自己教学沟通过程中的差异。培训人员应充分利用自身的特点，明确思维讲授习惯，扬长避短，以便于各种日常教学和培训。

（二）青年员工人格类型分析

青年员工作为企业培训工作最终的实施对象，目的就是通过科学高效有针对性的培训，让其尽快成为企业所需要的合格人才。我们利用当前比较成熟的中文 MBTI 人格类型量表，并严格按照施测流程和行为规范实施测评，帮助青年员工正确理解 MBTI 的测试结果，引导青年员工确定其人格类型。测试结果中所反映青年员工获取信息方式的差异以及作出决策时思维方式的不同对培训有至关重要的作用，基本可以反映出青年员工的学习风格和特点。

（三）教学对策分析表制定

将 MBTI 作为企业青年员工培训的工具，最终目的是提供一份供培训人员（实施者）教学使用的方案，见表 9-2。

具体实施过程中的方案名称为"青年员工性格特点及教学对策分析表"，考虑到培训工作的需要，分析表一共包含三个部分内容，第一部分为基本信息，第二部分为青年员工特点综合分析，第三部分为教学重点及对策分析，各部分功能各异，互为一体。

第一部分的基本信息包括教育背景、职业历程、兴趣爱好、MBTI 测试结果以及培养目标，从这五个方面，基本上可以全面反映青年青年员工的整体面貌，有助于培训人员了解青年员工和教学使用。我们之所以加入除 MBTI 测试结果外的因素，是针对新生代员工特点，首先希望培训人员除了对青年员工在业务上指导外，在做人处事方面同样应该有所指导，尽量做到"做人与做事并重"，

表 9 - 2　　　　　　　　　　教 学 对 策 分 析 表

<table>
<tr><td colspan="4" align="center">青年员工 性格特点及教学对策分析表</td><td></td></tr>
<tr><td align="center">姓名</td><td align="center">×××</td><td align="center">出生年月</td><td align="center">×××</td><td rowspan="5"></td></tr>
<tr><td align="center">性别</td><td align="center">男</td><td align="center">出生地</td><td align="center">×××</td></tr>
<tr><td align="center">初始学历</td><td align="center">本科</td><td align="center">初始专业</td><td align="center">热能与动力工程
（水动方向）</td></tr>
<tr><td align="center">最高学历</td><td align="center">本科</td><td align="center">专业</td><td align="center">热能与动力工程
（水动方向）</td></tr>
<tr><td align="center">工作年限</td><td align="center">3 年</td><td align="center">岗位</td><td align="center">运行值班员</td></tr>
<tr><td align="center">特长及爱好</td><td colspan="4">篮球、羽毛球；善于理论分析，动手能力比较强</td></tr>
<tr><td align="center">MBTI 测试结果</td><td colspan="4">ISTJ（内向实感思考认知型）</td></tr>
<tr><td align="center">培养目标</td><td colspan="4">运行主值班员</td></tr>
<tr><td align="center">青年员工
特点
综合分析</td><td colspan="4">1. 工作严谨、认真负责，但总体业务能力有待加强。
2. 目标明确、细节关注度高；但对整体和理论把握欠缺。
3. 待人诚恳友善、谦虚谨慎；但语言组织和表达能力欠缺。
4. 思维缜密，客观公正；但灵活性不足。
5. 具有逻辑缜密型性格特点</td></tr>
<tr><td align="center">教学重点
及
对策分析</td><td colspan="4">1. 在原有的业务基础之上，应进行系统全面的深入学习。
2. 教学或辅导过程中，一般应从实践和细节入手，逐步引导其从整体上把握问题的全面，重点应加强对检修流程、机组试验步骤等的整体学习。
3. 应加强对语言组织能力的学习和锻炼；并尽可能提供机会，鼓励其运用适当的方式，完整的表述自己的思想。
4. 鼓励其在做好基本工作的同时，开阔视野，多学习和借鉴先进的经验和方法，敢于创新。
5. 引导其适当关于时事热点，了解国家的大政方针，客观公正地看待社会中的各种事件，树立正确的人生态度和良好心态</td></tr>
</table>

培养出有正确价值观的青年人才；其次是让培训人员明白青年员工的兴趣爱好，因为在网络自媒体时代，青年员工的网络信息获取量往往大过一些年龄偏大的培训人员，这时候就要求培训人员通过分析表得知更多的青年员工的信息和爱好，找到沟通点，尽可能做到缩小代沟，这样才能吸引青年员工的学习热情，让培训人员明白"如何说青年员工才会听"。

第二部分是在基本信息分析的基础上，对青年员工特点进行综合分析。具体包括四个方面优点及待提升之处：业务能力、信息获取的方式、处理信息的方式和工作方式。我们通过这四个方面能相对准确的反映和把握青年员工在具体工作岗位上表现的内在心理特质，结合岗位的需求找出需要侧重培养的地方和相对的弱项，以一览表的形式呈现；同时和青年员工进行必要的沟通确认，尽可能准确的反映其对应的部分。

第三部分则是在前一部分的基础上，制定培训工作的教学重点和对策分析。教学重点以岗位需求和青年员工相对弱项为重点，具体包括业务培训重点、有针对性的教学辅导方式和工作指导。这几个方面尽可能有所细化，具有可操作性，以便于在后期的培训中实施，目的是让培训人员知道"怎么讲青年员工才明白"。

（四）个性化培训方案的实施

结合已经制定好的"青年员工性格特点及教学对策分析表"，培训人员制定出个性化的教学实施方案，方案应将学习内容以青年员工偏好的学习风格呈现，真正做到因材施教，提高培训学习效率和质量。内容一般包括年度的教学研究计划表、月度学习大纲和学习讲义等，其中应涵盖学习主题、具体内容和学习要求、重点难点问题等。

（五）培训教学方案评估和完善

每一个培训周期结束，培训人员会结合具体的考评结果以及青年员工学习反馈信息，对最初制定的教学对策分析表进行逐项分析和完善，以求更为贴近实际和易于操作，同时也可作为青年员工今后学习和工作的重要参考资料。

三、MBTI 在实施过程中应注意的事项

MBTI 作为一套比较完整的人格测评工具，在企业员工培训中有很高的实用价值，但在具体实施过程中有几点需要注意：

（一）培训人员对 MBTI 工具的理解和掌握

MBTI 作为一套相对成熟的测评工具，有其严格的施测流程和行为规范，这样的结果才能更准确。这就要求企业员工培训中的培训人员具备一定的 MBTI 的系统知识，才能正确实施和理解，如果把握不准，势必影响培训效果。

（二）培训人数的控制

MBTI 工具应用的目的是让培训人员做到"因材施教"，制定出个性化的培训方案。具体工作中，针对同一岗位，每个青年员工的培训计划可能都有一定差异，考虑到现场具体岗位的培训人员本身作为企业员工，有自身的岗位职责，为保证教学培训质量，实际中每位培训人员所带青年员工人数一般不超过 3 人为宜。必要时，结合岗位需求，也可以多名培训人员同带一名青年员工。

（三）培训过程的管理

除员工培训应具备一套完整的培训流程外，MBTI 的应用及评价也应结合企业本身的特点，制定一套标准化的实施流程，这样具体的培训，实施者才可以相对准确地把握各个要点，达到培训目标。

参 考 文 献

［1］ GB 26860—2011 电力安全工作规程 发电厂和变电站电气部分［S］. 北京：中国标准出版社，2011.

［2］ DL/T 838—2003 发电企业设备检修导则［S］. 北京：中国标准出版社，2003.

［3］ DL/T 572—2010 电力变压器运行规程［S］. 北京：中国电力出版社，2010.

［4］ DL/T 1009—2016 水电厂计算机监控系统运行及维护规程［S］. 北京：中国电力出版社，2016.

［5］ 高坝洲电厂. 设备运行规程［S］. 2014.

［6］ 东北电网有限公司. 水轮发电机组值班员［M］. 北京：中国电力出版社，2013.

［7］ 全国电力生产人员培训委员会水力发电委员会. 水轮发电机组值班［M］. 北京：中国电力出版社，2003.

［8］ 张诚，陈国庆. 水轮发电机组检修［M］. 北京：中国电力出版社，2012.

［9］ 陈国庆，谢刚，吴丹清. 水电厂运行技术问答［M］. 北京：中国电力出版社，2005.

［10］ 耿旭明，赵泽明. 电气运行与检修［M］. 北京：中国电力出版社，2004.

［11］ 彭根鹏，马振波，王小君，等. 湖北水电运行管理［M］. 武汉：长江出版社，2013.

［12］ 赵玲玲，杨奎河. 电气图识读入门［M］. 北京：中国电力出版社，2014.

［13］ 李国晓，等. 水轮机调速器运行与维护［M］. 北京：中国水利水电出版社，2012.

［14］ 徐国宾，张丽，李凯. 水电站［M］. 北京：中国水利水电出版社，2012.

［15］ 汤正义. 水轮发调速器机械检修［M］. 北京：中国电力出版社，2003.

［16］ 张淑兰，曾树村. 同步发电机［M］. 武汉：武汉水利电力大学出版社，2000.

［17］ 蔡维由. 水轮机调速器［M］. 武汉：武汉水利电力大学出版社，2000.

［18］ 袁蕊，田子勤. 水轮机检修［M］. 北京：中国电力出版社，2004.

［19］ 耿旭明，赵泽民. 电气运行与检修 1000 问［M］. 北京：中国电力出版社，2004.

［20］ 宋守信，武淑平，翁勇南. 电力安全管理概论［M］. 北京：中国电力出版社，2009.

［21］ 李哲，种定珠，李广华，等. 电气误操作事故 100 例及原因分析［M］. 北京：中国电力出版社，2009.

［22］ 张建中，于志坚，李汝明，等. 发供电企业班值组长工作手册［M］. 北京：中国水利水电出版社，1997.

［23］ 陈启卷，南海鹏，张德虎，等. 水电厂自动化［M］. 北京：中国水利水电出版社，2009.

［24］ 中国电力百科全书编委会. 中国电力百科全书：水力发电卷［M］. 北京：中国电力出版社，2001.

［25］ 熊信银，朱永利. 发电厂电气部分［M］. 北京：中国电力出版社，2009.

[26] 电力行业职业技能鉴定指导中心．水轮发电机组值班员 [M]．北京：中国电力出版社，2003．

[27] 范锡普．发电厂电气部分 [M]．北京：水利电力出版社，1995．

[28] 楼樟达，李扬．发电厂电气设备 [M]．北京：中国电力出版社，1998．

[29] 姚春球．发电厂电气部分 [M]．北京：中国电力出版社，2004．

[30] 黄稚罗，黄树红，彭忠泽．发电设备状态检修 [M]．北京：中国水利水电出版社，2000．

[31] 蔡维由．水轮机调速器 [M]．武汉：武汉水利电力大学出版社，2000．

[32] 张诚，陈国庆．水电厂辅助设备及公用系统检修 [M]．北京：中国电力出版社，2012．

[33] 金少士，王良佑．水轮机调节 [M]．北京：中国水利水电出版社，2006．

[34] 刘忠源，徐睦书．水电站自动化 [M]．北京：中国水利水电出版社，1998．

[35] 李建基．高压断路器及其应用 [M]．北京：中国电力出版社，2004．

[36] 沈祖诒．水轮机调节 [M]．北京：中国水利水电出版社，1998．

[37] 魏守平．水轮机调节 [M]．武汉：华中科技大学出版社，2009．

[38] 周统中，郑晓丹．水电站机电运行 [M]．郑州：黄河水利出版社，2000．

[39] 许正亚．电力系统自动装置 [M]．北京：中国电力出版社，1990．

[40] 牟道奎．发电厂变电站电气部分 [M]．重庆：重庆大学出版社，1996．

[41] 李晓明．现代高压电网继电保护原理 [M]．北京：中国电力出版社，2005．

[42] 周武仲．继电保护与自动装置应用 200 例 [M]．北京：中国电力出版社，2009．

[43] 黑龙江省电力有限公司调度中心．现场运行人员继电保护知识使用技术与问答 [M]．北京：中国电力出版社，2001．

[44] 郑源，张强．水电站动力设备 [M]．北京：中国水利水电出版社，2003．

[45] 何国志，邹光涛，陈胜军，等．水电站电气一次设备检修 [M]．北京：中国水利水电出版社，2005．

[46] 国家电网调度通信中心．国家电网公司继电保护培训教材 [M]．北京：中国电力出版社，2009．

[47] 崔明．变电站与水电站综合自动化 [M]．北京：中国水利水电出版社，2005．

[48] 鲁宗相．电厂事故的可靠性预测与防范 [M]．北京：中国电力出版社，2007．

[49] 王君亮．同步发电机励磁系统原理与运行维护 [M]．北京：中国水利水电出版社，2010．

[50] 张晗亮，朱顺鹏，张成林，等．现代机电驱动控制技术 [M]．北京：中国水利水电出版社，2009．

[51] 廖自强．电气运行 [M]．北京：中国电力出版社，2007．

[52] 陈化钢．电力设备运行实用技术问答 [M]．北京：中国水利水电出版社，2002．

[53] 陆培文，孙晓霞，杨炯良．阀门选用手册 [M]．北京：机械工业电出版社，2013．

[54] 尹和，尹晓露，郭晓春．跟师傅学倒闸操作 [M]．北京：中国电力出版社，2013．

[55] 许艳阳．变电站倒闸操作要诀 [M]．北京：中国电力出版社，2012．

[56] 钱振华．电气设备倒闸技术问答 [M]．北京：中国电力出版社，2009．

[57] 黄晋华．电气倒闸操作 1000 问 [M]．北京：中国电力出版社，2007．

[58]　刘家斌. 常用电气设备倒闸操作 [M]. 北京：中国电力出版社，2006.

[59]　夏克明，刘勃安. 电气设备倒闸操作与事故处理 700 问 [M]. 北京：化学工业出版社，2012.

[60]　孙勇，聂志立. 电力生产企业"模范导师工作室"培训工作模式探索 [J]. 中国电力教育，2014 (9)：91 - 92.

[61]　曾维希，张进辅. MBTI 人格类型量表的理论研究与实践应用 [J]. 心理科学进展，2006 (2)：255 - 260.

[62]　MBTI 在企业青年员工培训中的实践与分析 [J]. 人力资源管理，2016 (10)：116 - 117.

[63]　Hirsh, S. K. & J. Kise., 读懂 MBTI 再工作 [M]. 李娜，赵雪，译. 北京：中国电力出版社，2004.